现代创意新思维·十二五高等院校艺术设计规划教材

网 站 视 觉 设 计

梁景红 编著

人民邮电出版社

北 京

图书在版编目（CIP）数据

网站视觉设计 / 梁景红 编著. -- 北京：人民邮
电出版社，2015.4
现代创意新思维·十二五高等院校艺术设计规划教材
ISBN 978-7-115-36027-4

Ⅰ. ①网… Ⅱ. ①梁… Ⅲ. ①网站－视觉设计－高等
学校－教材 Ⅳ. ①TP393.092

中国版本图书馆CIP数据核字(2014)第125566号

内 容 提 要

本书作为网站视觉设计的理论工具书，梳理和总结关于网站视觉设计的方方面面。全书分七章，以
"设计目的－信息内容－导航设计－排版设计－色彩设计－风格创意"为脉络，探讨创作依据与创作手段，
从而解决"我们要建立怎样的站点，并以何种形式完成它"的问题。

作为一个设计者，只有清晰掌握建设网站的意图和网页形式之间存在着何种微妙的联系，才能创作
出优秀的作品。作为网站视觉设计的理论书籍，书中却没有罗列枯燥的理论，而是循序渐进地进入主题，
引用实例。通过大量案例分析，探讨网页设计的客观基础与主观因素。

初学者可以从书中得到系统而细致的网页视觉方面的专业知识和思维方法；网页设计师可以从书中
得到与实际工作关系紧密的各种技巧和知识点；对网页设计课程的相关教师来说，这会是一本结构合理、
专业性强、涵盖面广的教科书；广告从业者可以通过阅读本书，快速从传统广告业的设计理念过渡到专业
业的网站视觉平面的创作理念；网页设计爱好者，相信你能够从中得到关于网站视觉设计方面的基础知
识和提高知识。

◆ 编　著　梁景红
责任编辑　王　威
责任印制　杨林杰

◆ 人民邮电出版社出版发行　北京市丰台区成寿寺路 11 号
邮编　100164　电子邮件　315@ptpress.com.cn
网址　http://www.ptpress.com.cn
北京市雅迪彩色印刷有限公司印刷

◆ 开本：787×1092　1/16
印张：12.5　2015 年 4 月第 1 版
字数：320 千字　2015 年 4 月北京第 1 次印刷

定价：59.80 元

读者服务热线：(010)81055256　印装质量热线：(010)81055316
反盗版热线：(010)81055315
广告经营许可证：京崇工商广字第 0021 号

前言

进入信息时代，网页设计行业发展速度一直很快，互联网的用途不断被拓展，从而改变了我们的生活方式。随着移动互联网的兴起、网民人数的暴增，每天都有新的互联网产品问世，行业发展迅猛，对网页设计人才的需求也仍在增加。

网页设计包含了互联网与移动互联网产品的界面设计。虽说网页设计过程并非十分复杂，但要设计出合理而精美的网页作品，确实需要严谨的理性分析、敏锐的观察，以及成熟的审美与创意技巧。为了能够让初学者尽快掌握思考网页设计的方式方法，本书结构上做了精心的设计，把具有体系性、逻辑性及技巧性的内容展现给读者，以"设计目的、信息内容、导航设计、排版设计、色彩设计、风格创意"为脉络，探讨创作依据与创作手段，从而解决"我们要建立怎样的站点，并以何种形式完成它"的问题。这个顺序同样是设计网页的流程依据。

在本书内容编写方面，难点分散、循序渐进；在本书文字叙述方面，注意言简意赅、重点突出；在实例选取方面，注重实用性强、针对性强。本书每章都附有一定数量的习题，可以帮助学生进一步巩固知识，产生自己的理解。初学者需要掌握一定的网站技术（Photoshop，CSS，Html，Dreamweaver等），但真正要设计出审美较好的作品，则需要依靠你的设计思维。面临"如何做出适合市场需要的网页作品"的问题，初学者可以从书中得到系统而翔实的专业的网站设计创作理念；网页设计师可以从书中得到与实际工作关系紧密的各种技巧和知识点；对网页设计学科的讲师来说，这是一本结构合理、专业性强、涵盖面广的教科书。具有行业实用价值，可以帮助学生向社会需求的方向成长。

本书由设计行业从业多年的网页视觉专家、色彩设计研究者梁景红老师编写。其著作《Web Designer网页设计关键Idea》已在台湾出版，在东南亚也很受欢迎。

书中插入"梁景红谈"微课的链接，可以通过智能手机或平板电脑扫描后，注册网站、打开视频链接。也可以通过输入下方地址，在浏览器中打开链接。"梁景红谈"微课作为扩展内容，给老师和学生一个更广泛的交流空间。

互联网更新速度快，网站频繁改版，很多有价值的网站设计作品在网络上不能长久保存。本书中的插图，很多已经无法找到现今网址，请大家去博客（blog.sina.com.cn/relen8a）下载本书插图资料。书中如有错漏之处，欢迎各位老师、学生批评指正。也可以到梁景红老师的博客（blog.sina.com.cn/relen8a）与公众微信（微信号：梁景红色彩）中交流。

目录

第1章

网站设计行业现状

如今的互联网已经渗透到我们生活中的各个层面。互联网上各个网站内容既丰富又全面，满足了各种浏览者的不同需求，活跃了经济，也达到了商家开办网站的目的。

正当网络作为第四媒体，逐渐走向成熟和完善的时候，网页设计业也已逐步脱离了传统广告设计的范畴，形成特殊而独立的体系。同时，当前行业发展的速度要求我们对网站视觉审美以及网站功能应用等多个方面的认知达到新的高度。

学习目标
- 网页设计的重要性与必要性
- 了解行业现状，确立职业目标
- 多视角解读网站设计的本质

1.1 网站设计的重要性与必要性

从理论上来说，抛去媒体这层外衣，网站是信息的存储空间。套用相同的模板，只要保证浏览者能够获取信息，网站的信息存放功能就实现了。如1996年以前的网站，大多是纯文字的页面，几乎没有什么"设计"的概念可言。一直到今天，网络上依旧充斥着大量通过信息堆砌而成的网站。我们需要思考，设计师们到底是为了什么而工作呢？不了解网站艺术与设计的意义所在，设计师如何能够正确地面对创作？

其一，互联网环境竞争激烈

众所周知，"优者生存"是事物繁衍发展的自然规律。随着网络技术的更新换代以及计算机美术可达到的范围越来越广，我们无法继续满足于只有几篇文字和版式一模一样的网站。

不可否认，互联网的共享环境给信息存储和更新带来了很大冲击，现今已不像十年前只有数得出来的几百个网站，而是有无法估量的上千万个网站。主题相近或雷同的网站多到无数，想要从千百个相同主题的网站中脱颖而出，确实不易。互联网环境能够使地球另一端的竞争者与我们站在同一条跑道上，竞争加剧了，网站的视觉设计也就变成了竞争环节中的一大利器。

其二，面对信息结构复杂化与简洁化的两端发展

网站并不是发布几条消息，或者放上几个广告那么简单的载体。它可能是一个大型的信息资料库，也可能是琳琅满目的信息转盘，信息的重要性决定了信息的摆放顺序及浏览者的使用频率。

一方面由于信息结构变得越来越复杂，

一个信息空间内部结构如何设计、信息类别较多如何管理、异类信息如何分主次、同类信息如何分类分层，以及单一页面上的信息结构安排等诸多问题都需要解决。"页面上有文字就可以"这一原则已经无法适应现今互联网的网站信息情况了。我们需要依据信息结构去规划网站设计，科学的进行信息管理。在不影响信息下载的同时，提供给浏览者一种美好的视觉环境，帮助他们科学且快速地查阅信息。

另一方面，一部分互联网产品向着简洁化方向发展，很多轻阅读的产品出现，在这个碎片式信息正在逐渐侵蚀我们的年代，信息结构的优化也是一个难题，保留哪些内容，删除哪些内容，网页最终呈现的效果决定了百万级、千万级、亿万级用户的选择。这种程度的压力，也是传统设计行业前所未有的。

其三，信息的传播内涵与外延

网民们是为了不同的目的登录相关站点来查询信息的。试想一下，一个需要阅读娱乐新闻的人是不会到体育网站上去寻找的，而一个需要收集出国政策的人更是不会到游戏网站上去搜索的，这是有关信息类别的不同选择。

信息不同，网站的气氛亦会不同。当浏览者进入娱乐网站中，却感觉如同进入体育竞技场，那么这个网站所传递出的信息概念就完全错误，浏览者对网站的设计及网站本身都不会给予认可。也就是说，网站的信息内容有着特殊的传播内涵与外沿。弄错了游戏规则，缺失了视觉信息的准确性传播，极可能会损失大量的浏览者等同于失去了成功的机会。

其四，互联网可以帮助经营者实现多元化商业目的

网络不仅仅是信息的存储空间，它已经变成了我们的一种生活方式。区别于电波、纸张、电视而被我们称为第四媒体（或新媒体）。任何以个人、团体、公司等不同名义都可以建设属于自己的网站，这些网站有别于综合性门户或资讯类站点，它们有可能并不依赖大量信息吸引访问者，而是把网站作为他们创造商业价值的工具之一。

企业需要树立形象网站，把VIS系统导入到网站设计中，这无形是延伸了形象传播的宽度和深度。通过网络，企业信息和相关资料被广泛传播给全球委托方，无法估量的各种机遇都会随之而来。毫不夸张地说，一个非常大气而庄重的网站可以给一个仅有几人的贸易公司带来数万生意。不同的企业，有着不同的企业文化，跟随所要传播的信息概念，网站设计的形式和气氛绝对不能相同。如果把可口可乐公司的网站设计得如同劳力士手表网站一样时，谁能想象这会造成多么大的经济损失？

其五，视觉审美关系到网站生存与发展

网站作为新媒体的媒介主体，具有更多与传统媒体不同的特征和特性。这些特征决定了网页设计的形式和使命，它的意义将与传统媒介的"设计"截然不同。网页设计是网站的视觉内容部分，它是浏览者进入站点内第一时间接收到的视觉信息。它可以给浏览者一个概念，一种印象，这种印象有时候是起决定性作用的。

NWP 第二版
http://www.newwebpick.com

NWP 第三版

很多网站因为其优秀的视觉设计而成功，如NWP就是这样的情况。NWP的主要受众是设计师群体，其第二版的首页设计非常普通，无法给人留下深刻印象，以至于很多设计师看到首页后并没有进入内页浏览，直接关闭了它。NWP第三版设计看起来像是一个新发布的网站。实际上NWP的用户的确是从第三版开始的认识它的，而NWP也是从第三版开始奠基了它作为国际设计门户网站的地位，同时拥有了向更好的方向发展的基础。

移动互联网在这方面表现得更加剧烈。App Store上同类产品有成千上万款，用户的审美已经被培养起来了，在功能相同的产品里，他们只会选择更好的作品。

在如此激烈的竞争之中，一个可用性强的、独特创新的网站设计成为网站长期发展的必要条件之一。你还可以不断产生迭代作品，但只能更好，没有最好。

Ipad App界面

1.2　网站设计行业现状

随着信息发布工具的变化，内容丰富的网络视频分享方式，以及改变人们生活方式的在线购物与在线教育，中国互联网经历了多个阶段，网站设计形式也随着行业的发展而不断变化。

其一：委托方审美的准则仍未成熟。

早期建设网站时，设计师常常需要对委托方解释什么是网站，对委托方普及网站能做什么。与早期比较，如今随着互联网、移动互联网以及平板电脑的普及，设计委托方对网站设计有了自己的见解，他们更加明确了网站能做什么，要做怎样的网站，能从网站中得到什么。然而这并不代表所有的委托方都能够准确地表达他们的想法，关于网站建设的意图、网站策划、网站风格等沟通非常重要，需要委托方与设计方（甲乙双方）共同探讨，共同完成。

有数据表明国际互联网域名登记管理机构（INTERNET NIC）每天注册域名15000个以上，其中97%是为企业而注册的，在这些企业中能够通过网站获利的占极少数。设计师应该站在行业专家的角度上，与委托方进行对话，帮助委托方梳理商业目的、网站内容、设计需求等。帮助委托方把商业观点准确地表达出来，帮助委托方实现网站的商业价值。

其二：工种不分家对设计师提出更高要求。

现在依旧有人无法分得清楚淘宝美工、网页设计师、UI设计师、制作人员、程序设计师、网站设计总监等职位的职权范围，同时又出现了交互设计、界面图标设计、用户体验、用户调研等周边职业。公司招聘员工也是希望应聘人员什么技术都会。如果要求美术设计师精通网页制作和动画设计技术，是比较合理的要求。然而却有不少企业抱着"美术设计人员精通程序设计"这样的愿望去招聘，这种方式到底能招来什么样的"人才"呢？

国外有信息结构专家这个职业。网站是由信息结构设计师与网站创意设计师共同探讨、协作完成，同时有网站运营管等相关工作人员监控网站的运行及发展。但在现阶段的中国，只有少数企业拥有这样的协作队伍。尽管大型网站（商务）策划可以做到由专业的市场行销、策划人员来做，展示的内容也可以由网站编辑编制完成。但是，大部分中小型的企业网站几乎是没有进行任何专业策划，直接进入设计阶段的，连制作网站的目的以及渴望得到的效果都没有深入考虑过，便直接交给设计师来设计，其结果很容易陷入形式化。

"工种不分家"使每个在网页设计岗位的设计者，不仅仅要考虑到美术设计与制作方面，同时还要兼顾信息结构的规划，甚至网站建设的策划等工作。如果设计师缺乏总揽全局的能力，是无法把网站做到位的。这大大超出了网页设计师所应承担的职权范围，然而这就是从业者必须面对的现状。

从行业发展上，不鼓励由于"工种不分家"所形成的恶性循环，但为了能够做出优秀的作品，了解信息和理解目的是必要的，设计师也应该掌握这部分的相关知识。同时若想从设计师向设计总监等更高职位攀登，单纯考虑色彩、版式等形式设计是不够的，必须做到对事情的全面了解，做出正确的判断，带领团队进行难度大、问题多的设计项目。

本书不涉及策划行销内容，但建议设计师们参阅相关书籍，增长经济、营销等相关知识。商业设计与市场经济有着密切的关系，只有了解经济，才能使设计有的放矢。同时设计师应做好与委托方沟通的准备，假如不能把自己的创意解说给委托方，也会表现出设计师的不成熟。商业设计师不是艺术家，设计方仅是设计服务业的一员。委托方不懂设计，他们需要引导和推荐，设计师自己来解说设计，一方面委托方会更加认可你的专业理念、精神和态度；另一方面有助于促进合作，相互理解，并构成良好的沟通关系，为扩展更多业务合作奠定良好的基础。

其三：多平台发展是必须考虑的问题

到今天为止，我们不仅可以通过台式机来观看网页，随着移动互联网、平板电脑、智能手机等设备不断更新换代，设计师们面临着需要为一个网站设计多种尺寸的现状。

随着载体的变化，设计师也面临着完全不同的要求。手机界面设计师，需要针对苹果系统手机、安卓系统手机的尺寸分别进行切图。甚至一个作品要导出多个尺寸，以适应各种情况的设备。

1.3 设计师要从多个角度看网站设计

本书着重探讨网页设计的目的与形式之间的关系，也就是网站策划、网站内容与网站设计之间的择优问题与形式创意。使设计师学会站在多个角度上看待创作、看待成品，从而更好地展开创作思路。

设计师通常更习惯站在形式美学的角度去看待自己的创作及他人的作品。但如果能够站在委托方的角度去看网站设计，则可以更好地为委托方服务，创造出更有价值的商业网站。

当委托方反复地要求把公司名称字体和标识放大处理，实际上是希望把公司及品牌概念强化。当设计者明白这个意思的时候，就不会和委托方争论标识大一点还是小一点

好看了，可以把标识做虚化放在背景中去强化，或者做成动画来表示强调。总而言之，委托方虽然不懂设计的形式和设计的语言，但没有人比他们更了解自己的公司和产品的行销方针，当设计者能够了解委托方的目的和意图时，设计才有了方向。

作为设计者，应力求在满足委托方商业目的的同时，确保作品的艺术性和完整性。站在市场的角度去看待网站设计时，会怎样呢？市场就是委托方的委托方，终端委托方接收了网站传递给他们的信息概念：看到暖色，他们会感觉这个企业是很有亲和力的，容易沟通的；看到大量的矢量风格的网站插图时，他们会感觉这个企业是潮流派、有个

AIWA（http://www.aiwa.com/）

性、有活力。作为网站真正的使用者，他们比任何人都知道自己需要什么。

AIWA是随身听、音像类产品的品牌，它的网站是十分个性化的，人物卡通和Flash游戏成为网站的招牌。不难分析，动画设计纵然是为了20岁上下的少年和青年准备的，这个群体也正是AIWA的主要行销对象。创作不仅仅使AIWA在网页设计界扬名，同时赢得了众多网民的喜爱。

Vivienne Westwood （http://www.viviennewestwood.co.uk/）

Christian Dior （http://www.dior.com/）

试想一下，如果把这样的风格配给了劳力士手表会变成怎样？消费得起劳力士的群体与AIWA的消费群截然不同，这种做法足以摧毁一个优秀的品牌。

如果读者觉得AIWA与ROLEX两者间的行业相差太远，其案例不具有说服力。那么请观看Vivienne Westwood 和Christian Dior 两个知名的国际时装品牌的官方网站。

对这两个品牌来说：他们都是流行时尚的典范，却传递出彼此互不相同的文化内涵。没有人因文化内涵的不同，去探究他们中哪个好、哪个不好，或是哪个正确、哪个错误，因为他们从文化到形式都是独一无二的。这也证明了设计师已经成功地把企业文化、产品文化通过网站设计传递给了终端委托方。

1.4 全方位思考

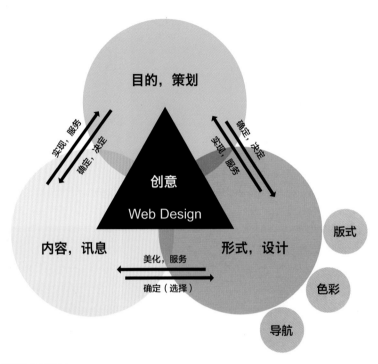

目的、信息与设计的关系图

如今互联网发展速度很快，对设计师提出较高的成长要求，单纯考虑"形式上美不美"是不能解决经济问题与人性问题的，还应把策划上不清晰的环节拿出来与委托方讨论、缓解形式设计的压力，使作品更具有亲和力，并含有设计师的见解与审美。也就是说当设计者具备了自己分析设计目标、整理网站的信息关系和控制视觉形式的能力之后，才能更好地进行具有创新特色的风格设计。把"网站建设的目的、网站信息内容和网站创意设计"放在同一层面上同等对待，是成功设计师的标志，尽可能减少"设计到一半，推翻，重新再来"的情况。

我们已经明白了：设计网站是从分析网站建设的目的开始的。搞清楚设计目的，做好策划书，整理网站的内容和资料后，才

可以开始进入设计环节。本书作为网站视觉设计的理论工具书，梳理和总结关于网站视觉设计的方方面面。全书分七章，除了探讨"商业目的"、"内容策划"分别独立成章，另把网页设计形式中最重要的"导航"、"色彩"与"排版"分为三章讨论，以"设计目的－信息内容－导航设计－排版设计－色彩设计－风格创意"为脉络，探讨创作依据与创作手段，从而解决"我们要建立怎样的站点，并以何种形式完成它"的问题。

本书篇幅有限，不可能包揽万象。作为网页设计师的理论工具书，本书大多数知识点是用来抛砖引玉的，希望可以引发读者的共鸣，帮助在学、在职的设计者们解决自己所面临的实际问题，促进自身潜能的挖掘。

1.5 思考与练习

思考题

1. 门户网站新浪网首页与视频网站土豆网首页是否能够套用一样的模板，为什么？

   思考提示：

   · 两者的品牌差异

   · 两者的内容差异

   · 两者的网民群体特征差异

   · 两者的发展方向差异

   · 两者的传播途径差异

2. 感受同样一个网页，用手机打开、用iPad打开、用PC机打开时你的不同感受？

3. 网页设计师需要掌握的知识领域有多少？

4. 你可以用网站来做什么？

 梁景红谈：如何成为一个网页设计师

课程网址：http://blog.sina.com.cn/s/blog_6056b9480102v9zm.html

第2章

网站策划

设计者更注重审美角度，而常常忽略网站建设的目的。

正所谓纲举目张，一个网站的成功与否，与建站前的网站规划有着极为重要的关系。有了建设网站的想法，并把它的创建流程及相关事宜书写下来，作为工作的总领。这样才能把一两个人的智慧，用策划书的方式传递给其他执行工作的人，共同协作完成。

学习目标

- 如何思考网站策划
- 对委托方进行问卷调查
- 学会分析材料和目标用户
- 学会站在委托方角度思考问题

2.1 学习策划的意义

策划书包含了多个方面的内容，可以对市场、设计、技术、行销等相关人员下达指导工作的指令；并帮助团队中不同岗位的人相互了解工作重心，使大家为了同一个目标而努力。

对设计师来说，起指导作用的、较为突出的有两处，即"口号"和"导航"。

用口号这个词汇来表述，不尽准确。其实就是策划书中的一句或多句起概括"网站完成后的轮廓"作用的段落，它点出了成品的理想模样，是具有纲领性和鼓动作用的简短句子。

如：本站将成为西部资源和外部投资资源双方整合性网站；可以充分利用区域内资源优势及国际投资意向双方信息，实现走出去和引进来的经济发展桥梁作用。

或是：建立西部资源中心和信息平台，促进西部走向世界和引入世界经济活跃及有利因素，树立专业的品牌网站形象，并在信息服务和信息管理业务中实现网站运作。

也可以是：建立中国西部资源宣传中心和国际投资平台。

不论以上哪种叙述方式，都可以把网络媒体的性质表述出来。设计师得到这种信息，便会在大脑中尝试勾画雏形，以帮助展开页面风格的创作，同时用来检测完成后的网站是否符合这一形象。

有别于口号，导航的设置及导航的信息，可以直观地表明网站中会包含哪些具体内容。设计师的思维发展可向前迈进一大步，甚至已经在思考应该选择怎样的框架设计、色彩搭配或者其他更为具体的设计形式。

如果说"口号"是确立了网站作为媒体的属性和特征，那么"导航"则确立了有关信息仓库的结构和基础。结合这两点，完全可以在大脑中建立出网站的雏形，思考完毕，也就离具体实现不远了。

探讨网站建设的目的，不可回避的，必须对网站所处行业及相关信息进行汇总和分析。得到的结论可以帮助设计者进行关于创作的判断，如什么样的网站会符合行业的标准，什么样的网站能够得到委托方的满意，什么样的作品才能从数十个同类站点中脱颖而出。

本部分重点在于与设计结合比较紧密的环节，如与委托方沟通、行业分析、受众调查等。这些方面将对设计起到指导作用和决定作用，即使没有书面文件或在不进行系统性策划的条件下，设计师也应可以根据自己的理解，针对具体问题做出合理的判断。在可达到的范围内做比较全面的策划统筹，从真正意义上帮助委托方，完成设计。

2.2　明确主题

建设网站是一个实实在在的任务。

明确建设网站的原因至关重要，如建立网站是为了销售产品，或是为了进行商业服务；网站的受众是哪些，他们能从网站上得到些什么信息；如何从网站中获益，以及进行其他有益的资源积累等。

除了大的方向，还需要明确一些具有较强针对性的环节。例如这是一个对外贸易的网站，以推销产品为主，但产品比较低端，所以要通过建立企业形象来争取委托方；又或者，这是一个企业网站，尽管委托方还没有领导市场的实力，但在规划上希望以本公司发布的信息可以带领市场等诸如此类的个性特征。

从拿到委托方单开始，很少有委托方可以很明确地告知，他们需要怎样的网站，或是对针对性很强的个性化部分捏拿得很准确。因为大多数委托方并不清楚自己要建立什么样子的网站，只能指出大的方向，面对设计出来的网站，凡能够看得顺眼的，大致都能接受。即使挑毛病，也是那些"对突出信息或视觉审美毫无关系的"环节。

而实际上，即使是同一个类型的网站，其目的性和实行方式也会根据委托方的不同情况而有所偏差，这些偏差正是网站的唯一性和特殊性的所在。

网站文化和网页形式是表现这些个性方针及网站意图的最佳载体。没有深思熟虑和深谋远虑，网站作品也只能随波逐流，教条而平庸。形式化地照搬他人案例的结果不容乐观，忽略了自身的优势和特点，往往会以失败而告终。委托方如果不能明确创建网站的意图，以及能够从网站的发展中获取什么，那么就失去了建设网站的意义，无论设计师把网站做得多么华丽，也不能起到真正的作用。

梁景红谈：如何从学生时代开始进行职业规划

课程网址：http://blog.sina.com.cn/s/blog_6056b9480102v9zt.html

Wickedsunglasses.com

Blinde.com

WICKED SUNGLASSES，是一家专卖眼镜的电子商务网站。其页面格局十分直观，产品以品牌名称分类，产品信息易阅读、易查找、易搜索，网站给浏览者留下了高效率的良好印象。作为一家网上专卖店来说，WICKED SUNGLASSES的页面形式把经营者的目的和消费者的要求结合得很成功。唯一遗憾的是，页面设计比较传统，没有突出的特色，忽略了通过网页来诠释产品的文化内涵等方面。但这也是可以理解的，因为WICKED SUNGLASSES内含有多个品牌的产品，每个品牌都有自己的文化要素，很难统一。

与WICKED SUNGLASSES的综合型卖场相比，BLINDE就是单一产品的专卖店了。

同样是眼镜专卖的网站，BLINDE却只有5款产品，这些产品均是电影《黑客帝国2》中主角使用过的款式。也就是说，BLINDE是瞄准电影发烧友们建设的潮流化、专一型电子商务网站。网站采用全Flash技术，小巧而精致。眼镜的展示使用360°效果，显得十分真实，同时为每款眼镜的宣传配有与电影中相对应的角色插图。这种采用电影人物作为插图的定位，有效地为BLINDE的销售提供了良好的铺垫。不管怎样，酷酷的BLINDE可以很快抓住消费者的视线，并与他们产生共鸣。

WICKED SUNGLASSES和BLINDE是产品类型相同的电子商务网站。假设WICKED SUNGLASSES和BLINDE的网站设计形式交换，是不是可行呢？

WICKED SUNGLASSES的网站设计比较传统，形式比较单调。任何信息内容都可以采用这类框架结构，侧面表明它在视觉设计上没有独特的东西。假设BLINDE采用了这种形式，将意味着必须放弃页面的个性化设计，同时等于放弃了产品的自身优势。不仅如此，如果只有5款产品的BLINDE使用了相似的开放式结构，也只能产生一两个页面，网站将会给人一种没有实力的感觉。这对电子商务网站来说，是致命的。在不可信任的网站上购买商品，那不是等于把钱扔到水里听响儿吗？可见，这样的网站谈何销量？

反过来，WICKED SUNGLASSES若采用了BLINDE的网站版式呢？

抛开Flash的技术制作不谈，BLINDE采用了一款眼镜一个页面的宣传形式。每个页面配有独特的插图，可以展示不同款式眼镜的不同文化特色。但是WICKWICKED SUNGLASSES拥有上百款眼镜，并且眼镜的数量有可能继续增加，网站的销售策略也可能随着这些名牌的产品销售做细微调整。若给每款眼镜设计不同的页面，这个工作量实在太大了。值得深思的是，对浏览者来说，这样真的合适么？浏览者每看一款眼镜就需要打开一个带插图的页面，百款眼镜他们能否看得过来？若真的采用了这样独特风格的网站设计，对WICKWICKED SUNGLASSES来说，90%是费力不讨好的。

由此可见，将这两个网站的设计形式交换是不可行的。

这两个网站都是成品，并经历了一段时间的市场试评，我们能够直截了当地说：交换形式后两个网站都不会成功。那么如果这两个网站都还没有建设，我们只拿到两份委托方资料，此时，我们能否能把委托方给予的资料引导到正确的网站建设的方向上去呢？相同的资料交给不同的创作团队，设计出的成品也不会相同。

我们能否抓住委托方的特点，创造出优势？明了优势的存在确立了网站的媒体属性和文化特点，不仅对创作很重要，网站主题的存在对经营发展、销售及企业生存都起着至关重要的意义。作为设计师，先不要有压力，这主要是策划行销工作人员的重点课题，我们则需从策划创意方向明确创作主题。

2.3　帮客户"问"出特点与优势

明确主题的过程，**就是找出委托方的优势、特色和行销方式及目的的过程。**分析委托方现有的所有资料，以专业角度为委托方出谋划策，从长远角度入手，统领全局。有时候委托方并不知道提供些什么资料给设计方做参考比较好，设计方可以根据具体情况向委托方提出一些问题作为深入讨论的基础。

在没有策划行销人员配合的情况下，下面总结了一部分问题作为分析材料的基础和重点，而其他具体问题则要根据委托方的特征进一步分析。

kyoto-ex.jp

Q1：你要建设网站的目的是什么？

参考答案

> 为业务、服务做广告；
>
> 电子商务、销售产品；
>
> 事业宣传，文化、观点传播；
>
> 为供求双方建立平台式网站；
>
> 提供公益服务等。

这个问题确立了网站媒体的属性，多数情况下答案是双选的。一个企业网站完全可以即兼顾品牌文化推广，也可以进行在线电子产品销售。

例如kyoto-ex.jp，在网站中我们可以看到一个文化节介绍及剧作展示方面的信息，同时你也可以在其中找到销售门票的方式和博客更新。综合类型的网站在现今的网络上越来越多见了。如苹果、索尼、京东等，虽然以电子商务或品牌闻名，但他们的产品和内容越来越横跨多个领域，网页设计也不限制在只实现一个商业目的的范围了。

Q2：你设想中的网站规模是多大？

参考答案

> 很小，现有资料放得下就可以了，以后也很少增加内容的。
>
> 从最小的规模开始，然后逐步扩大化，最终网站内容是全面而丰富的。
>
> 相当复杂，栏目众多的。
>
> 资源丰富，更新快，积累快的。
>
> 不太好说，不好说将来怎么发展，走着看的。

网站的规模将决定网站设计时选择怎样的框架结构，这是针对网站作为信息储备空间的性质而制定的题目。网站信息结构很复杂，将意味着设计师对信息格局方面要多下一些功夫，为合理的信息管理多做一些努力。网站内容多，很容易想到使用竖分栏式结构；更新快，积累快，框架设计就要针对未来将加入的信息多做一些保留，结构要"活"一些，为扩大化发展做铺垫。

中等规模的企业网站
Hyundai

小规模的个人主页
OKay!

Q3：目标用户的统一特征是什么？或者说，你的网站做给谁看？

参考答案

是分销商还是终端消费者？

15～20岁的青少年还是20～30岁的青年？收入在6000元左右的灰领，还是收入万元以上的白领？艺术院校的学生，还是社会各界热爱艺术的人士？是男性浏览者居多还是女性浏览者居多？只是给我的委托方公司的负责人看的，但都是外国人。

不能局限的分析这个问题，有的人只能回答女性、男性、青少年、儿童、学生、所有人、其他等，是不够的。

同样是产品类企业网站，如果他的目标用户锁定的是分销商，那网站的定位则是一个品牌推广的企业产品宣传网站；如果他的目标用户直接针对消费者，那就相当于一个B to C的电子商务，在电子商务的基础上又不能忽略针对企业品牌的建立和推广。

如果你能略懂一些"**商业模式**"的知识，则会更好的交流这个问题。商业模式可以导出"**品牌定位与价值观**"，而从中又可以导出"**设计审美及形式**"。对设计师来说，所谓"商业模式"完全是另一个领域，跨越专业非常大。初学者不可能很快就明白其中的道理，所以这里提供的答案，还是颇具参考价值的。最初阶段能够区分这些情况，网站设计可以完全不同，已经相当不错。进入企业之后，稍微大一点的企业包含了用户调查职业人员，他们也会给设计师一定的参考信息。

TIP "眼前一亮"是什么？

回答设定好的问题，是为了帮助设计师和委托方进行良性的沟通。即便如此，仍然避免不了产生误差的可能性。

由于社会经验、成长环境、接受教育等方面的差异，人与人之间的理解也存在着很大的差异。同样的词语，每个人的理解不一定相同。

曾有一个委托方要求网站设计的大气一些，并且能够让人眼前一亮。作为设计师的我们从事着视觉设计的行业，每天都会浏览大量优秀作品，各种类型、各种风格的视觉作品看得多了，即便碰到十分优秀的作品也很难出现"眼前一亮"的感受。这样说来，委托方呢，他们接触过的视觉艺术都是怎样的呢，他们概念里的"眼前一亮"到底是用什么标准来衡量呢？

于是拿些参考图例给委托方看，发现给他亮丽的网站范本，他一点反映也没有，而给他深暗色调的网站范本，他却非常喜欢；给他商业网站的类型，他没有反应，而当他看到酷酷的个人主页，却觉得眼前一亮。可是委托方要做的是企业形象网站，不适合深暗色彩的另类文化。当笔者与他进行了沟通后，他认可了笔者的主张，认为专业的思量胜过他个人对"眼前一亮"的坚持，并全权交给设计方进行策划设计了。

这个事情提醒了设计师们，必要时一定要对"形容词"打破沙锅问到底。如时代感、现代、有品味、感觉上有质感、活泼、喜庆等。你可以问问他们能联想到什么，或者利用现成的范例做参照，把沟通进行到底。

Q4: 网站的收入来源是哪几个部分?

参考答案:

我并不靠网站本身赚钱,而仅仅是给国外的客户看看我们的产品,他们需要的话,就会下订单。

网站广告、在线游戏将是网站的主要收入来源。

浏览者可以直接在站点上购买物品,这个就是主要收入来源。

我的网站卖的是信息,VIP会员可以看到更多内容。

网站没有收入,求个存在感。

这个问题的答案对设计师的创作也有很大帮助,它可以帮助设计师了解委托方对网站(网络建设)的"心气儿"有多高。同时设计师要在可以创造收入的环节上多下工夫,让网站的价值更好的发挥出来。

Q5: 网站做好以后,你准备怎样宣传?

参考答案

搜索引擎、友情链接、邮件广告等网络上的各种宣传方式我都参与,但是最好都是免费的。

网站提供免费服务,比如免费信箱等,这会使网站的名字快速传播。

为了更好的发展,我将投入一部分网络广告的费用,但必须确定投放的网络媒体确实有帮助才可以。

我的委托方都是国外的厂商,我会逐个给他们发E-mail,让他们来观看我公司的网站。

了解委托方对网站发展的想法,以及他们对网络营销的认识和行动,是我们进行创作设计的一个依据。虽然从设计师的角度来说,网站做好了,任务就完成了。但对委托方来说,这并不是结束。网站如果没有真正传递给目标用户,在某种意义上就同等于网站白做了。委托方如果不能从网站上得到回报,将会使到委托方对网络媒体的认识向坏的方面发展。附带的,即使当初他认为你设计得不错,后期也会逐渐偏离这个想法,甚至完全否定你的创作水平,下次会觉得换一个人来设计比较好。

网站营销的问题看似和设计师没有关系,但其实两者间的潜在联系是相当复杂的。当在目标用户的知识层次复杂、年龄跨度大、特征不鲜明、范围太大的情况下,其反馈结果可能是多种多样的。委托方通常会到处征求他人意见,而这个"他人"是不是真正意义上的目标用户呢?以他们的视点能够代替目标用户来评判吗?通常不论设计方还是委托方,都无法看到事情的全貌,但都有自己固执己见的一面。因此协调沟通也是非常重要的工作内容。

如果沟通不顺畅,委托方会因为得不到正确的反馈信息,而把视线放在极小的环节上。比如,这个文字是不是再大一点好些,那个图否能换成另一个图,这个颜色是不是太亮了……原本没有意见的地方,也会逐个被提出来重新过问一遍。有的设计者认为,这种情况是委托方的错误,他们指手画脚太多了。实际上如果你能有非常明确的观点并能够驾驭商业的设计能力与沟通能力,这种情况未必会出现。与其抱怨自己的处境,不如把时间用在学习和沉淀之上。

Q6：网站完成后，如何运营？或者说负责更新的工作是怎样安排的？

参考答案

全部自己做；

委托专业服务来做，自己定期指导；

制定要求、目标，完全由别人代劳；

呃……你设计的网站，你来做不行吗？

"呃……你设计的网站，你来做不行吗？"的答案很有趣。它反映出一部分委托方根本不考虑网站后期运行的问题。对这样的委托方来说，网站是相对静止的，内容十分固定，少有更新。

但只要答案是他人进行维护，那么设计和制作时，均要考虑分割结构和表格结构不要太复杂。过余复杂不好操作，会给维护的工作人员带来很多繁琐的工作。网站建设是一个分工合作的工程，即使设计方和维护方互不相识，但工程依旧是同一个。作为前期的设计方，有责任为维护方的工作流程的简捷化而努力，这也表现出设计方的专业水平及工作态度。

Q7：关于网站实现的技术，你的想法是怎样的？

参考答案

全Flash实现的，我就是要这个派头；

不需要程序；

给我弄个Flash欢迎界面，里面是静态的，或者有小的动画点缀一下；

三维360°展示产品……

什么是程序？……

这个题目和制定工作计划关系紧密，技术要求高，对设计师和创作团队来说相对重要一些。一般情况下，委托方对此不会有固执的要求。如果需要动态程序的话，设计师就必须和程序设计师进行相应的沟通，沟通后才能展开创作。如果技术上有什么难题也要尽早解决，不要为了能够接到单子，什么要求都答应委托方，如果等到实在做不来的时候再回绝，其结果只能有损团队实力和诚信。如果委托方提出的要求的确过高，在创作前可以和委托方深入讨论，如果能够采用比较容易实现的方法解决，是再好不过的事情了。

Q8：网站设计上，你有什么要求？

参考答案

比较现代，有时代感，比较大气就可以了。

专业，严谨，内容丰富。

活泼的，颜色鲜艳的，像水果糖……

我不喜欢蓝色，你不用蓝色就可以了……

没有要求……

谈到和视觉设计相关的问题，可以先从比较虚的"大"问题开始，先不要把问题问得太细。这样一个模棱两可的题目，委托方的反映是有趣的，对他们来说这个问题并非那么大，因为他们不懂设计，他们的答案常常是他们特别在意的事情，设计方可以从这些答案中得到许多有益的启示。但如果你开始就问很细的问题，他们很可能不知道怎么回答。

曾有一个委托方，她要求不要使用红色，因为觉得红色的网站都不太争气，很多后来都关闭了。这也反映出委托方对网站所寄托的希望和愿望。分析问题的答案等于是分析委托方心理。了解一部分信息后，你可以再深入问一些你所在意的方面，逐层把创作的要点找出来。

另外，有很多委托方会说没有什么特别的要求。**没有要求也是一种要求。**他不一定是什么都不知道，可能是他表达不出来，也许他想看看你的作品再做评定。很多委托方的确是这样，最初没有任何要求，最后反而一大堆要求。只要是合理要求，作为服务方的设计师们都应该给予满足，但为了避免反复修改，面对说没有什么要求的委托方，你也要继续逐层问问题，一定要帮助他头绪理清楚。

创作并不是一个人的独角戏，而是为了阐释目的的过程，而提出目标的是委托方，

与委托方之间的沟通，是更好的帮助我们进行创作的基础。这八个问题把最基本的方面调查清楚。针对每个单子的不同情况仅依靠这几个问题是不够的，还要根据每个答案的不同选择，再进行具体的细化，逐个把网站建设中各个层面的重点找出来。

即使没有策划人员的协助，只要能针对问题的答案做出正确的判断，就可以有效地确立主题，展开网站建设的创作思路，并把网站指引到正确的方向上去。

设计师作为专业的一方，应该给委托方提出有意义的建议和专业咨询。值得深究的是，随着设计师策划能力的增强，对创作的把控能力也会提高。对经济、市场、人性的理解程度，也表明了设计师对事情的认知和态度。设计师的品格和道德观也会反应在作品上。设计师如果无法做出正确的判断，其作品就会传递出的错误的概念，甚者会给委托方带来经济损失，这些都是我们应该力求避免呢。

TIP 避免"老丢单子"及"个人利益主义"

一些综合性网站，例如依靠广告、在线信息、游戏、VIP类为主要收入来源的网站投资者，在初期可能不愿意投入太多，因为这种经营方式是长线钓鱼，很多情况是需要走一步看一步的。或许项目看起来很大，实际上他们在给出设计费用时，通常不会很高。

特别提醒年轻的设计师们，接受设计委托，要保持平和、健康的心态，不能只考虑自己的收益。如果想要成长得更快速，就要多站在委托方的立场上考虑问题，才能更好的沟通和让工作顺利进行。同时只有在不同角度上才能看到事情发展的全貌，从而对工作任务做出正确的判断，这也是防止工作单打水漂的现象发生的最佳方式。

2.4　材料分析

设计师如果不能更清楚地知道如何处理内容信息，就不能精确地对这个主题重新阐释。我们应该进行材料分析，如果做不到彻底消化它，至少要理解它的主要内容，这也是创作的依据。

行业调查与**同类网站调查**是设计进行前的重要步骤。很多设计者仅仅通过"上网看看类似的网站"来了解竞争对手，这样并不够。

行业知识的积累，一方面可以帮助设计方分析委托方的资料，对作品将要传递出怎样的文化内涵有一个初步的了解，还可以在委托方提供的资料不足时给予正确的反馈意见。

另一方面，当设计方对行业有了一定的认知后，才能对同类网站的调查进行较好的识别。同类的网站并非都是优秀的，从设计形式到内容编辑，他们中到底哪些是可以被设计方借鉴的呢？这些网站的发展、经营状况、优势和特点，均是设计方参照的对象，吸取他们的长处，帮助委托方找出自己的优势，进一步明确自己网站的主题，以便占据一个好的出发点。

行业知识不过关，在进行同类网站的调查分析时，也只能看个形式、留于表面。不求甚解的结果只能是被动的运用委托方给你的资料进行创作。

更头疼的是，大多数委托方对确立自身特色往往没有概念，他们总是要求设计师去参照他们看过的某个"优秀"的同类站点，而实际上那些网站并非都是优秀的。行业知识过关了，与委托方探讨网站主题时，也能够使委托方接受设计方的专业意见，让网站建设向更好的方向发展。

2.5　目标受众

受众是一群接收并理解网站建设方通过网络媒介传递的信息的个体。网站是为了目标用户（受众）而存在的，否则就没有建设的意义。没有以目标用户作为参照所设计出的网站，只能是失败的作品。

与委托方交流，设计方可以对目标用户有个初步的了解，进而，设计方需要找出目标用户的共同特征，使网站的建设有的放矢。反过来，目标用户也是需要拟定的，把范围集中化可以使网站的建设方向更加明确，更容易成功。

瓷娃娃罕见病关爱中心的网页设计，就是采用了"受众群分类导航"的方式。进入首页，有针对三类不同目标用户（病友、捐助人、志愿者）的引言指示，并针对每类用户有一个针对性的二级栏目，对应着他们需要阅读的信息。

如果是用户群明晰的网站，能够采用这种方式是非常好的。用户可以毫不浪费时间的找到自己想要的信息。

从瓷娃娃的案例来看，网站对目标用户进行明确划分的方式，可以使目标用户对网站快速地产生触感，使内容可以有效地传递给受众群体，从而完成网站建设的目的。

然而在实际工作中，委托方们往往对网站的目标用户没有细化的概念，他们通常希望网站可以给任何一类群体观赏，并且总是在回答关于目标用户的问题之前增加一个"有可能"的词语，这种不确定的方式会给网站的发展带来麻烦。目标用户的明确和集中化有利于内容编辑，而内容编辑的优劣直接关系到网站的生存。即使全部是目标用户来浏览网站，谁也无法保证这些人能够为网站的经营者带来经济效益，而过多地考虑"有可能"的群体，会影响到对目标用户的分析和汇总，反而捡了芝麻丢了西瓜。

在策划上，组织、政府类的非盈利网站和个人类网站大多在考虑目标用户时，有着另一番思维方式，他们的网站建设目的是使浏览者转变为目标用户，而不是先根据目标用户来定位网站。这之间的区别很大，网站

自身的文化内涵和信息传播更甚于对浏览者的研究。当目标用户的特征过于复杂的情况下，这种创作思路是一个非常好的参照。

对平台式网站来说，网站是为了给目标用户提供一个摄取信息的"环境"，除了内容丰富以外，信息清晰、易查阅可以有效地满足目标用户对网站的要求。

对专题类网站来说，目标用户会有一些个性和喜好上的共性点，这些共性点是设计网站时的参考材料。以旅游网站为例，爱好旅游同时会上网查找信息的人，大多都是年轻、时尚、活泼的消费者，页面设计尽量时尚与前卫些，便可以形成特色，从而脱颖而出。然而大多数此类网站，只会从容易联想到的表现旅游文化为主题的视觉信息入手，粗糙地摆放上景点照片，虽然一看就知道是旅游类网站，但是这样一来，网站也就落入平庸之中了。

最后明确一点：网站是否赢得了目标用户的心，计数器所统计的数值说明不了全部问题。反映在计数器上的数字，到底有百分

瓷娃娃罕见病关爱中心

之多少是目标用户呢？其含金量有待思考。

若对网站进行了有效的宣传，可以使浏览者中的目标用户数值比例增大。此外，访问者在此网站中停留时间的长短也是重要的参考依据。

通常情况下，确立目标用户是谁，是委托方要做的事情。然而大多数委托方对此问题没有清晰的概念，设计师可以给委托方一些提示，帮助委托方滤清思路。随着用户调查职业的普及，很多大一些的互联网、移动互联网企业，已经配有了这个岗位的人才。他们可以对全行业乃至任何一个细小项目如"按钮位置是否影响浏览效果"等问题进行全面调查。关于目标用户的调查就更加细致了，包括国外常用的用户移情图、用户习惯等，并且结合商业模式进行分析、策划，设计师只需要执行就可以了。如果你的目标是进入这样的企业，那么你可以只专精在形式美学上，但是这样的企业仍是少数，设计师还是应该全面培养自己，以适应各种环境。

2.6 确立设计的主题

与委托方沟通、对资料进行分析、掌握行业知识等步骤，是设计进行前的准备工作。

"设计"目的，已经涉及了网站策划的职能范围，如果以上几节的知识依旧不够你工作时所用，那么本节所提的几个重点可以帮助你开阔"策划"思路，但如果还需要涉及更深层次的知识领域，就应该认真的学习一下有关策划、营销、市场、经济等多个方面的专业知识了。即使身为设计师，掌握相关的营销策划知识，也可以使你的眼界更加开阔，站得更高、看得更远，商业创作亦会更加全面、透彻和到位。

特殊、唯一、印象深刻；以优势取胜

假设我们参加一个招标会，竞争对手有几十个，每家公司的陈述发言是一句话，此时，我们最应该说什么？

想想看，如何令对方：

快速清楚地了解我们的经验项目；

对我们的产品产生好奇、向往；

很难忽略我们；

迅速将我们与其他竞争对手区别开来；

不仅是我们，所有的竞争对手都希望能够用最简练的语言表述出他与其他竞争对手不同的方面，而且是优势方面。

这种思路适用于所有类型的网站定位上：门户网站需要找到自己的优势，才能一炮打响；企业网站需要对委托方表述某项特征的唯一性，使他们从同类企业中记住你、需要你；专题网站在网络上最容易重复，要把优势栏目做出特色来，稳住优势；个人主页需要一个特殊的、唯一的、印象深刻的识别性身份，使你的存在变得更加鲜明。

同类主题的网站太多，在内容上又没有新意，给人感觉似曾相识，你抄他，他抄你，这样的网站初发布就会直接陷于平庸之中。想要取得成功，必定要在立意、定位上下些工夫，假设某类主题的网站几乎没有，那么一个新的此类网站就比较容易脱颖而出。

但是，网络中鲜有绝对的唯一，即使某

个被看好的行业让我们抢先占领了，可是不久就会出现十个八个，甚至几十个相似的。**委托方应该要追求的是相对的唯一**，主题相同不要紧，只要有鲜明的区别于他人的特色，并且强化这种唯一的特色，就可以弱化或铲除雷同，使网站赢得成功。

当委托方用一种看待传统经济的眼光审视他们的网站建设时，他们通常认为在网下拥有的优势等于他们在网上的优势，但这其中是有很大区别的。传统经营很成功，并不意味着挪到网上也能成功；传统经营不成功，并不意味着运用电子商务也不会成功。即使是以宣传企业的服务和产品为主，也不意味着是把企业的样本变成电子版放在网上。你可以尝试给委托方一些这方面的暗示，帮助委托方了解网络上的竞争对手，梳理出自己的优势，网站的形式设计同样根据优势的展开而开展，这样的网站及企业均易成功。

优势在全面中变得平庸，网站内容忌臃肿

有句话说得好，"优势在全面中平庸，在多余中丧失"。

要知道，当群众演员个个争镜出戏，主角是无法演戏的；只有当场子安静的时候，台上的人方能铿锵激昂。

网站建设也是这样。

很多人主张网站上什么东西都要有，要全、要大，这样才能包揽有任何需求的访问者。如果在前几年，这个想法也不算是错误，毕竟门户网站就是要汇聚大量的访问者，只有巨流量的网站才能被当做媒体，赚广告费。但现在的网络情况已经不同了，特色的专一型网站与大型门户一样重要，他们的经济形态是完全不同的。而且门户因其大，而无法做到精，当用户需要专题类的信息时通常还是要去找单一型站点。

不仅如此，如果当委托方告诉你在设计页面的时候突出某一处时，创作的主体十分明确，作品也能发挥出作用来。但如果当委托方告诉你需要突出"某些处"时，这些就都是重点了，最终哪个也无法突出出来。

这也同等于对目标用户不了解，把浏览者当作了目标用户，认为什么样的浏览者都应该抓住。目标用户不等于浏览者，浏览者中仅有一部分是目标用户。为了一个模糊的群体，而失去了对特定群体的服务与重视，或许会得不偿失。假设我们已经拟定了一个具有特色的优势方面，并围绕它建设了网站，却在之后的时间里，不断地增加新的内容，网站臃肿起来，优势可能会消失。

定位越来越模糊，变得什么都想要，结果往往是什么都得不到。如果网站已经臃肿了，就要重新定位网站，对它进行消肿、局部弱化、做减法。用个有趣比喻：当我们的电脑装的东西越来越多时，机器就会变得越来越慢，但等到哪天需要删一些东西时，谁都会紧张。要减掉网站中的某些部分，使优势鲜明，这可能会触动到委托方的某一根神经。网站则是关系到利益回收的大事情，应该早些当机立断。

视觉识别不足够，用"口号"加强补足

从设计师的角度来思考网站策划，绝对不会忘记一个重点：VIS（Visual Identity System，视觉识别系统，简称VI）。可笑的是，别说VIS了，很多企业连标志都没有，平台类或信息类网站同样不会对视觉识别系统给予相应的重视。本节虽不深入探讨VIS及其设计，但要提及一个与树立网站形象有关的重要环节：广告语，或叫做形象口号。

对企业来说，企业的理念是许多元素的系统组合，因此，形象口号不可以游离于这个系统之外，而应当与整个企业理念系统协调一致，完美结合。将经营宗旨和经营方针、企业精神和企业价值观等汇集一体，融会贯通，运用最简练的语言以口号的形式表达出来，这就是形象口号的提炼。

把相应的理念应用到网站建设上，给网站归总出一个具有纲领性和鼓动作用的简短句子或词汇，使网站的理念、经营、价值观以形体化的方式传递出去，可以为树立网站的形象、进行营销推广起到增效百倍的作用。

有以下几个例子。

某设计工作室，形象口号是：我们是理解客户的专家！

网讯商务网（提供企业建站服务）的口号是：WOSION！网讯！专业的数字化解决方案服务商，真诚为您服务！

联想的网站，标题是：联想—你的精彩世界！

韩亚乐器（生产乐器的厂商），其企业及网站的形象口号是：领导潮流的设计！

华旭绒毯（对国外销售纺织品的公司）的网站：Quality Blankets, Professional Service！

产品中国，平台类网站：产品中国，中国产品！把你的产品推向全世界！

……

尽量使制定好的形象口号符合你的网站所给予浏览者的形象，否则，广告语就形同虚设了。比如很多网站的口号是第一家×××网站、最大的×××网站、最好的×××网站等，然而实际却并非如他们自己宣称的那般，不仅页面凌乱，连内容都零零散散。这样的网站就好像是说了不诚实的话，自己抹杀了浏览者对其的信任。

网站的形象口号切忌有几条：不准不确、千篇一律、空洞无物、不切实际、随意变更。

即使网站的VIS系统设计比较完善，也不能代替"口号"的宣传和推动作用。VIS是抽象的、慢慢渗透的，无法用语言交流。而形象口号却把网站具体化，使网站更加容易"讲出来"。在设计形式上，可以使形象口号出现在页面的Title里、广告横幅里、站内插图里，网站的名片上、传真纸上，或是发给委托方的E-mail里、论坛的签名里、浏览者订阅的电子报里……

网站可信度

网络的普及已经大大地提高了人们对互联网的可信度。但这于某个网站是否可信是两件事。

有关"网站可信度"的研究是很多营销专家所重视的课题，国外也有一些组织或大学对其进行了相关调查研究，分析决定网站可信度的主要因素，包括专业性（expertise）、可信赖性（trustworthiness）、赞助（sponsorship）以及各种决定网站可信度的标准。

产生信任的最主要的因素包括：对于顾客服务咨询的快速回应、信息的完整性、列出作者信息、信息搜索功能、过去曾经访问时有好的印象、列出各种联系方式、明确的个人信息保护声明、曾经做过网站推广广告、网站上的广告与网站内容相关、专业的网站设计。与增加网站可信度有一定作用的因素还有发送确认E-mail、实时聊天功能、网页设计适合打印、网站内容经常更新、搜索引擎搜索排名等。

有很多因素会对网站的可信度产生不利影响，如采用弹出式广告的网站往往不受欢迎，内容和广告混放在一起的网站也让人觉得不舒服。此外，经常不更新、有错误链接、网站导航不清晰、链接到不相关或者低质量的站点等，也很容易让用户失去对网站的信任。

看过这些结论是不是感觉到很诧异，网站可信度所反映出的方面都是细小的环节。"勿以善小而不为"，当网站的总体功能差不多的情况下，细节制胜。

虽然国外的分析对网站建设起到一些警示作用，但国内的情况还有些具体问题有待分析。比如"关于我们"（或者叫"网站介绍"、"公司概况"之类的）是很多网站上都不可缺少的一个栏目，但并不是每个网站都认真地做自我介绍，有些网站甚至有点"犹抱琵琶"的感觉，只有很少的介绍，并且不一定是用户所关心的问题，也许仅仅是在网站介绍方面不够注意，就会让不少用户走掉，而这些用户可能是花费了很大代价才吸引来的。调查结果表明，50%的用户希望通过网站上的介绍来了解网站的背景，如果难以获得足够的信息，网站的可信度也就很难树立。

此外，网站所有者、投资人、批准证明等信息对于增强用户的信任感都有不同程度的作用，有关问题值得网站建设者的重视。

但人们似乎对于网站上列出的其他机构颁发的奖励和证书等并不感兴趣，只有9%的被调查者认为非常重要，认为有一定重要性的用户也不过才30%，有61%的用户认为不怎么重要甚至一点也不重要。不过这里值得说明的是，从国外某些研究报告中被调查者身份的细分上可以看出，上网时间比较短的用户对于这些材料的信任会稍微多一些。

此外还需要注意以下几点。

网站身份应标明清楚：包括基本的联系信息，如地址、电话号码、电子邮件、网站的所有者、目的和使命、企业的优势和长项等。

广告和内容方面：广告或赞助应该通过标签或其他可视的标识与新闻和信息明确区分开来。

顾客服务方面：明确说明与其他网站之间的财务关系、所有费用、退换货政策等。

个人信息保护方面：应该用尽量明白、简短的语言陈述个人信息保护政策，并发布在显著位置。

还要不断改进：网站应该经常检查，以发现自己的错误或容易造成误解的信息，并及时进行修改。

除此之外，企业的产品介绍及商城网站对物品的介绍应该尽量全面、真实，商品照片的清晰程度、美观程度都直接影响到网站可信度问题。

网站策划初期就应该对网站可信度问题进行较好的分析和把控，从策划案开始就把其归为重要环节，并给网站编辑及设计师下达相关的指令，使网站对其目标用户产生更多的诚信感。

2.7 优化网站时的思考

随着互联网普及率的提高，企业拥有网站并不稀奇，而拥有一个把企业当前现状讲清楚的网站则很少，拥有一个把企业未来讲清楚的网站就更少！如果遇到了需要优化或改版的网站时，可以运用这几方面与委托方对话，进而找到改进企业网站的办法。

竞争对手篇

尽管参考了竞争对手的网站，但您的网站是否更加侧重您的优势来设置内容。

与竞争对手相比，您是否更加注意品牌建设。

可以参考竞争对手的网站，但您忘记了自己是谁了吗？

如实地写下自己（企业）的优点和缺点。重新设计网站时，可以把这个信息交给策划、设计、文案人员。

品牌建设篇

您的标志是否在滥用、误用、随便用，它的形象、图片、字迹、色彩是否准确而　大气。

您是否有WVIS体系，也就是企业网站视觉传达体系。

如果您的企业品牌已经非常完善了，请讨论企业网站品牌和企业文化品牌的差异。

讨论您的企业文化是否成功变为网站色彩、网站图形、网站文字传递出来的信息。

您网站的未来发展方向，是否在网站中讲述了，但又不是夸大的、虚幻的、不切实际的，而是可执行的、可述说的方式。

自我探索篇

想想，哪个词最能代表您公司及公司的产品和服务？哪个词最符合您的价值观和品味？哪个词最符合您委托方的购买标准？

在候选词中（比如清新、大气、专业、时尚……），能否缩小范围，寻找更贴切、更有利的结果。

潜在客户篇

相比重视潜在用户，您是否更加重视现有客户。

您是否为了"有可能"来浏览的人，而忽略了肯定来浏览的人。

您是否真正明白网站是给什么人观　看的。

您是否过于贪心，希望一个网站适合给各种人看。

您是否真正明白您现在需要给什么　人看。

您了解您的产品吗？了解您产品的使用者吗？是否真的了解？

内容更新篇

您的网站是否经常更新内容，以吸引人们再次光顾网站。

然而却不能因为想要使人常来网站，而设置一些不符合品牌内容的信息

您是否在网页中过量堆积信息，导致人们在视觉上感到非常拥挤，难以阅读。

联系方式在主页中是否很容易找到。

您是否为访问者提供了某些免费服务。

您是否收集了访问者的电子邮件，以便和他们取得联系（如果您需要的话）。

网站上的所有链接地址都是有效的吗？

网站的结构是否有条理，让浏览者不用浪费任何一点时间就能找到所需信息。

网站是否提供了信用卡在线支付功能，以便委托方可以迅速而便捷地购买到商品。

推广营销篇

您的网站在搜索结果中是否排名靠前，从而使潜在委托方很容易找到？

您是否已经开通了企业微博和管理团队的微博？

您是否了解微博营销手段和营销方法？是否邀请如微薄顾问等来讲解并教导您来学会这项最新的营销手段。

您是否为推广营销而派专员来执行，要知道光有一个网站是没用的，还要让人　看到。

2.8　网站策划书

网站策划，不仅仅要考虑网站的立意、定位，还要涉及相应的分析调查、硬件预购、执行流程、人员分配等具体事宜。根据每个网站的背景及建设实力等不同情况，策划书内容需要做相应的调整。

既然没有绝对的范本，书写策划书时，可以依据具体情况添加或删除某些项目，基本项目如下。

背景介绍

也就是通常所指的"前言"或"概述"。在策划书开头，介绍互联网情况及公司背景等有关内容。如果是网站改版策划书的前言，一般情况是有关网站为什么改版、必须进行改版的总结性发言。开头简练、醒目，可以给阅读的人一个较好的感觉，颇有气势。

市场分析

相关行业的市场是怎样的，有什么样的特点，是否在互联网上开展电子商务；市场上的主要竞争对手，以及他们的网站情况及其网站规划、功能等相关内容；公司自身条件分析，公司概括、市场优势的总结等。

有的策划书把这部分放在后面，与建设目的结合起来分析，顺序不是关键，可以根据具体情况进行调整。

建设目的及网站定位

为什么要建设网站，以及根据网站功能，确定网站应达到的目的和作用等。网站的基本项目也可以在这部分给予介绍，如域名、网址、网站的标志、网站的口号等。

目标用户的分析及总结等可以放在上一部分里，也可以在此部分做相关汇总。

技术解决方案

根据网站功能来决定网站使用技术的方案。对于大型网站来说，技术方面是一个重要问题，小型企业网站中这个项目就可以删除了。

网站开发使用软件环境、硬件环境情况；采用自建服务器还是租用虚拟主机，以及相关的管理分配及费用输出；相关程序开发，选择采用ASP、JSP、CGI、XML等语言；如什么类型手机，安卓系统或苹果系统等，需要几个版本；网站的安全性措施、防黑、防毒方案等。

内容规划

网站的栏目安排和结构。

根据网站的目的和功能规划网站内容，企业网站基本上包括公司简介、产品及服务的介绍信息、联系方式、网上订单等。电子商务可能会需要考虑更多内容：会员注册、产品的详细介绍、服务条款、信息搜索和查询、金流系统、物流说明、相关帮助等。专题类网站主要是针对网站导航及内容分配、栏目负责人的制定等相关内容。

页面设计

网页的美术设计，可能包括首页信息分布、页面格局规划、网站VIS系统、网站广告条规范等。针对目标用户的特征选择色彩、版式。同时也可以制定出网页改版计划，如某一段时间替换某个栏目或首页设计，或半年到一年进行一次改版等。

流程及人工

网站开发时间进度表。

建设时间的计划需要写入策划书中，以及网站需要什么岗位的人，每个岗位需要几人等都要写入策划书。使阅览策划书的"领导们"方便判断此项目的资金投入及具体可行性。

网站维护

软硬件的维护，以及网站的内容维护。也可以制定相关的网站维护规定，将网站维护制度化、规范化。

发布与推广

网站宣传推广方案。网站发布后的公关、广告活动及费用。

除了以上众多项目外，商业赢利模式的有关介绍也是非常重要的。至于版式，尽量整洁、条理分明，易阅读即可。

设计师是为了网站的建设的目的而工作的。也许网站的成功和失败与设计师没有关系，但如果一个优秀的网站是你设计的，这会给你很大的自信和自豪感。

委托单不在于"大"或"小"，最重要的把对企业以及其行业内涵的理解发挥到一个较高层次，使设计真的可以为网站的获利产生"有用功"。

相信很多读者都浏览过国内外很多知名的网站，单纯地看其页面美术，发现并没有什么过人之处，甚至有的页面可以说是非常"简陋"，但他们十分成功。这是不是就否定了美术设计师的存在价值呢？要知道，他们的公司并非请不起高级的美术设计师。

设计师是为了商业目的而进行创作，不了解商业目的，创作就会没有根据，即使再漂亮也不能算是成功的。仅仅会排个版，做个图，是无法向更高层次攀登的，虽然对初学者这样说来有些难以理解，但当你排除了形式美范畴上的基本难题之后，就会发现：从某种意义上来说，商业设计的"形式美术"只是傀儡，真正的遥控者是"商业需求"。

2.9　思考与练习

思考题

1.思考下列A、B、C、D四位委托方的建设网站的需求，如果是你，你会从哪些角度给予对方建设性意见？
（　　　　）

A说，我希望能够把浏览者留住，我希望提高网站用户的黏性！

B说，我希望能够成为行业的老大，我要网站体现出这种气势！

C说，我希望通过网站设计，展示出我们有多专业，有多认真工作！

D说，我希望通过网站实现网上营销，哪怕一两个单子，也是突破呀！

思考提示

1.普通类型的网站无法实现用户的　黏性。

（1）用户的黏性，表现在几个方面。1是回头客，2是长时间停留，3是环境依赖。

（2）这个网站的信息定时更新，用户可以每天来看，或固定时间来看。这种情况通常是门户网站，如新闻等大型信息提供方。

（3）如新浪微博这种瞬息万变型的信息型网站，用户甚至无法规定自己什么时候来看。总之，什么时候来看都有新的内容。

（4）社区类网站，这就好像是一个社区环境，大家来这里不是看信息，而是找朋友来的。这里有他们习惯的环境和熟悉的　朋友。

也就是说普通类型的网站，比如企业、品牌、慈善、教育等专门的、专项的、单一的类型，不要奢望用户会和你的网站产生高黏性。一旦你有了这种想法，必定是在网站策划时起了贪念，忘记了本该做的事情。

如果委托方的网站不是以上三个类型的网站，而又奢望用户可以长时间逗留在网站里，那就说明存在有极大的策划方向上的误区。然而网站首先要保证条理清晰，用户可以迅速地找到需要的信息。做不到这一点，不仅仅没有留住用户，还会丧失已有用户。

2.行业的老大，不是自己说来的，而是别人说来的。

某次，一位委托方十分激进地表明，在他所处的行业里，还没有特别好的网站。而这又是一个新兴的产业，如果把网站做好了，就可以成为行业的"领头羊"。

成为行业的老大，是每个企业创始人的梦想。

问题是，谁的企业在行业中什么位置，并不是自己说了算，是市场说了算。

这位委托方期望几千块就能做出"领头羊"气魄的网站，虽说设计费用多或少不能代表网站设计得好与坏，但两者之间企业创始人的心态上，有着本质差异，很多已经成为行业"领头羊"的企业往往花费几十万，甚至上百万进行网站建设和营销。网站不能帮委托方实现成为行业"领头羊"的梦想。真正的实现梦想是要靠企业发展自身的实力和努力的，是被社会认可后的综合体现。

3.网站的功能，就是把事说清楚，没有别的。

也就是说需要用"把事情说清楚"来解释网站。

很多人不解，什么叫把事情说清楚。

比如你是一个慈善机构，那你需要多少钱来进行慈善援助，你能办什么事帮助被援助者，你需要什么人参与到慈善流程和环节中，以及你已经做了哪些事，你未来打算做什么事……这就是把事情说清楚。

比如你是一个企业，那么你是个什么精神状态，你的团队能够提供给别人什么，别人为什么选择你或你的产品……把这些说清楚，就是网站的功能。

"把事情说清楚"实际上就是要好好看清楚自己，而不是观望别人。别人怎么样，我也怎么样，那就永远搞不清楚自己的优势。和别人攀比，别人有了我也要有，别人没有的我也要有。最终，没有办法把自己的事情说清楚，观众自然就不能看明白。

贪大求全是最容易犯的错误。把网站真正的用户摸清楚，为他们想一下，为他们准备所需的信息内容，就是把事情说清楚的意义。

有的人可能又想了：通过网站设计，是不是能够体现出专业感或品牌的优质感？

如果企业是一个空架子，再精美的网站也掩盖不了它的虚空无力。只有依靠企业真的做了很多事，有很多的信息内容可以传播，信息条理清晰，为用户着想，才有可能实现这些想法。如果企业有了这些东西，那么一个精美的网站可以给企业带来什么呢？是企业的态度。通过互联网为用户负责。这样一件事，很多人、很多企业、很多机构，都做不好。

4. 不要拿网络营销欺骗自己。

互联网真的能成那么多事吗？可以。但是互联网的成功，是给那些真正研究过互联网的人准备的。

曾经遇到一个委托者这样表达自己的观点："如果在网上弄个400电话什么的，实现一个网络营销多好啊，哪怕一两个案子，都是突破啊。"

问题是，要为这一两个案子花多少钱，多少精力去维护呢？谈到网站规划问题，设计方可以建议委托方放弃这种想法，要看清楚自己的行业，看清楚自己的需求，看清楚自己的位置，看清楚自己的现状。当你分心去考虑网络营销的时候，就势必已经忘记了主次关系，忽略了自己百分百的精力该放在哪里。

一个委托方和设计方讨论她的淘宝网店时说："我没有那么多精力，产品照片也要做，店面也要装修，那我怎么办，我折中一下吗？两个都做个差不多就行？"

此时，设计方可以建议说：你何必要折中，你这种中庸的想法直接导致两个方面都无法做到位。把所有的精力放在最重要的事情上，才能成功。时间不够，那就主次分明。发展初期，淘宝产品是重点，那就把产品照片做好了，主要的事情把握住了，此刻就是成功。

条件不具备的时候，不能为甚微的回报，消耗大量的精力。应该等待下一个合适的契机，再去分配精力。

5. 与时俱进，活在当下。

很多委托方想做一次网站一了百了，这是不能解决问题的。

（1）把以上四条搞清楚之外，还要做到活在当下，与时俱进。随着企业的发展，网站随时可以变化。网站是为了当前目的建立的，但当事情发生变化时，应再做符合当前需要的网站。至于是半年一变化，还是五年一变化，完全看自己的发展情况而定。

（2）遇到委托方，你会向他问些什么问题，以便更加了解对方的设计需求呢？

（3）如果对方已经拥有了网站，但是运行得并不好，需要优化时，你会从哪几个方面入手？从潜在委托方角度你又当如何　思考？

第3章

内容规划

没有信息就没有网站。

信息是网站的生存基础，更是收服浏览者的重要功臣。信息的形式不只是文字和图片，网站的视觉设计也是信息内容的一部分。

网站的形式多种多样，可以是文字、图片、视频、音频。当大量的信息要放置在同一个网站内时，就需要有条理有次序地安排，这属于对网站内容的规划。

学习目标

- 了解内容策划对页面设计的影响
- 熟悉网站内容的几种形式
- 掌握信息的创建与管理的方法
- 感受视觉信息对网站气质的影响

3.1 了解内容规划对页面设计的影响

起决定"共享哪些信息"作用的是：我们进行信息共享的目的。

在上一章中，我们已经了解了有关建设网站目的的环节，当委托方确立了网站建设的目的后，围绕这个目的进行信息的筛选与编整，按其重要程度排放在页面上。浏览者登陆到网站时，可以通过信息的编排来辨析内容的重要作用。接收到来自网站传达的视觉信息及详细内容，如此一来，建设方的目的达到了，网站也能顺利地发展下去。

信息不仅是实现目的的手段，它还直接关系到网页设计的创作工作。先来看两个例子。在Emllabs.com的网站首页，我们看到的是一个简洁大方，却又十分特别的页面设计。网站的版式、导航、风格皆不突出，但在右侧信息区域内的三个方形色块给单调的页面带来了与众不同的新鲜感和影响力，反而使网站的风格向着不平凡的一面倾倒。仔细思考一下：为什么设计师展开这样的创作呢？是因为起先页面结构过于无趣、单调，

之后只能选择在主栏区域添加几个色块，缓解一下么？

创作并非是反复补救的结果，而是精心的策划和考究。Emllabs.com的网站首页应该是设计师深思熟虑的最终成品，是有根可寻的。否则作为甲方的委托方又怎么能满意和接受呢？在这里，三个方块中的信息需要强化，应该是由目的决定的。目的先决定了信息的编制，同时要求"某种形式的页面"可以让浏览者在进入网站第一时间就关注到色块内的信息。设计师收到这样的指令，并拿到了具体信息内容后，选择了"弱化页面其他部分，通过色彩视觉强化，重点突出信息概要"的设计方案。显然，这个方案十分有效。假设需要强化的信息更加简短，仅仅为三个单词，那么设计师可能就不会选用现有的风格了。不论选择怎样的形式，其根据依旧是使页面的形式更完美的贴近信息量和信息要求，有效地完成目的下达的指令。

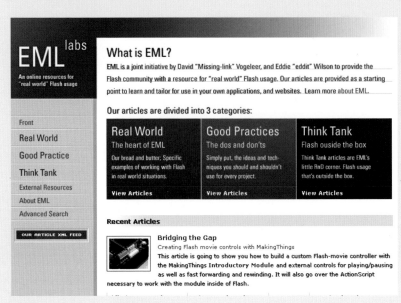

Emllabs.com

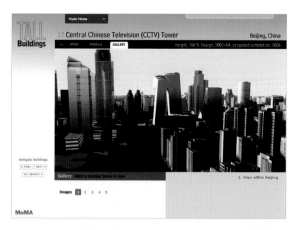
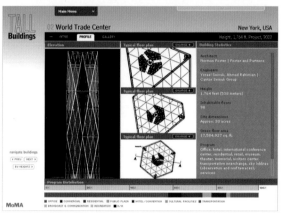

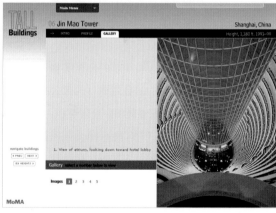

www.Moma.org/exhibitions/2004/tallbuildings

The Museum of Modern Art（现代艺术博物馆）的Tall Buildings（高层建筑）是一个由Flash创建，它呈现了最近十年内二十五座摩天大楼的设计，通过XML动态装载出来的专题网站，从设计到内容都非常精彩。单从每个页面所呈现的内容与形式来看：Tall Buildings的图形图像都具有了一定的艺术欣赏性，设计时，以"发挥图形图像的最佳效果"为依据而开展每页的排版。整体页面的版式是统一的，并根据不同页面的信息量及内容类型的差异，对格局进行细微调整，做到灵活且具有针对性的展示信息。假设硬性的处理页面内容，不论信息量是大还是小、不论是图形多还是文字多，都套用一样的模板，不仅破坏了整体网站的协调性，也损伤了单一页面的内容特色，死板的设计只能使网站失色。

Tall Buildings在信息的整编上，有着非常独特的东西，这也是它吸引眼球的最主要原因。编辑们把建筑物的特色并列起来，呈现出一个有思想性的比较分析。这是一件非常杰出的工作，提供了一个独特的观点和有趣的透视图，还是一种观察建筑物的解析方法。

Tall Buildings最为著名的还有它信息的深度。除了每个建筑物的大量原文和图片资产外（大约有一千多图片文件），广泛的比较数据也让人流连。它为建筑物创造了虚拟空间，证明了他们是如何适合社会和全球的城市生活。在关于建筑物是如何建立起来的方面也有清晰简明的介绍，对于那些表面上看起来类似的建筑物，程序分类为他们提供了一个完全不同的视觉角度。可分类的图标工具条用一种简单的方法解释了这些建筑物中每一个的社会用途（例如公共场所、居民住所、商业大厦和办公室等）。

总之，Tall Buildings在内容和设计上的优秀很容易让人理解：自从这个网站发布一个月后，全球每天都有超过100,000的访问者。这个结论也直接表明了，信息对网站建设的方方面面都具有特殊的意义。

网站既是信息的容器，又是信息的载体。

作为信息仓库，网站像一个放置信息的立体空间，有着非常多的格子和拉层，信息分门别类地放置于其中，访问者可以从一个页面跳转到另一个页面，可以从一个信息层跨越到另一个层级。网站的大小体现信息量的多与少；信息内容亦是建设网站的参考。从信息的分类、分层、列表、更新，衍生出栏目、子栏目、文章列表及其他信息功能类别等多种信息属性。

作为信息的载体，网站的立意、设计、宣传、发展都和信息内容息息相关。信息量少，网站就简单，但也不乏要求把信息量极少的网站，设计得很大气的效果。设计师可以运用图形、文字、多媒体、版式等手段，巧妙地缓解信息过少给浏览者带来的不信任、不确定感。信息量多，网站就丰富。也许会因单类的信息量过于庞大，而无法把几个类别的信息放在同一个网站中。于是，韩国率先推出了以多个垂直门户并列形成的家族系列，将多个网站通过同一个品牌形象进行门户墙似的商业推广方案。

随着移动设备的普及，平板电脑上的应用产品界面越来越精致，文字阅读转化成图片、多媒体、互动游戏的方式。这需要精心的安排与计划。

梁景红谈：设计师需要阅读的三十本书

课程网址：http://blog.sina.com.cn/s/blog_6056b9480102va03.html

3.2　信息的形式

　　常见的信息形式主要有文字、图形图像、动画、视频、音乐等。作为传播信息的载体，传统方式以文字与图像为主要内容。

文字

　　如果网络上没有图片，或许我们还能接受；但如果网络上没有文字，是万万无法接受的。随着网络技术的开发，一部分网站的正文页面采用程序生成，这使人们忽略了正文版面设计的重要性。甚至，有些设计者认为文字排版无"设计"可言，即便这些人没有用嘴说出他们的观点，但看看现今那些千篇一律、缺乏细节、枯燥无味的网站作品，也就完全能了解他们的"主张"了。

　　其实，网页和广告的不同之处在于其信息含量很大。一个网站甚至会有上千个页面，要做到每个页面都进行独立的排版设计，几乎是不可能实现的。但网络上并非都是信息量巨大的网站类型，尤其是信息量小、页面内容少、形式化单一的网站也很常见。同时，我们应该留意到，并非所有的网站都能依靠图形图像作为补充元素。在这种情况下，页面格局创意与文字段落排版设计是作品突破平庸的唯一武器。

　　除此以外，网站导航、正文标题等重要元素主要是由文字组成的。这些环节十分吸引浏览者的注意力，以至于导航与标题的艺术设计，将确立网站的整体风格定位。把文字设计与Flash动画结合起来，使文字作为视觉元素活用在创意设计中，这可能远远超出了它原有的定位，很多精彩的网页因此诞生。

Gardens-co.com

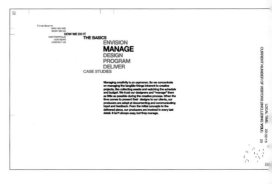

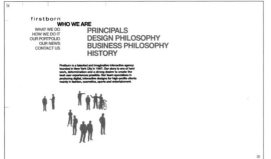

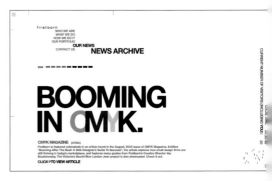

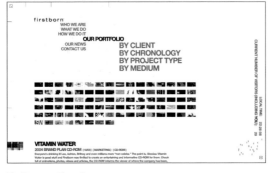

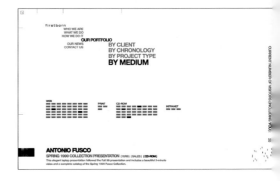

Firstbornmultimedia.com

Gardens&co是一个设计工作室。首页只有导航文字（news\works\about\contact）醒目的撑满画面。网站信息比较少，采用弹出窗口的展示方式。Flash使弹出的窗口浮于导航之上，把导航文字充当背景。

在这个网站中，导航文字作为视觉符号，带有强烈的装饰效果。设计师把它们无限的扩大，使网站呈现出干净、时尚、高效、前卫的气质，好似一种自我主张的宣告，给路过的人们留下了深刻印象。

Firstbornmultimedia也是以文字设计和Flash技术的实用而出彩的作品。仅用到黑体，却能让人为之"惊艳"。网站的动态效果把握得非常好，不可否认flash技术在这里也充当了重要的角色。

除了Flash的动态魅力外，还可留意到：文字与文字之间的空白就是页面结构的分隔线；导航文字逐层拉开的效果展示出信息结构的纵深度；标题文字也通过微妙的变化带来独特的风趣……文字在网站中，既是网页结构，也是导航，还兼顾了插图的作用。这样的视觉形式，本身就相当富有创意，环环紧扣，引人入胜。

图片

图片是比文字更为直观的信息类型，也是美术设计中离不开的元素，大多数视觉作品都是通过优秀的图形设计取得成功的，但这使一部分设计者只重视图形图像的视觉冲击，而忽略了图像是否正确地传达了信息内涵。

如果你曾为企业建设过网站，那么应该遇到过不少类似的情况：委托方要求把产品照片摆放在十分显眼的地方，完全不考虑页面排版的问题。其中一些照片不具有任何美感，对页面产生了恶劣的影响。即使做了美化处理，委托方也还是会认为这样"不好看"，其原因是：这样做，妨碍了信息的传

达。对委托方来说，与其做多么精美的视觉处理，还不如采用最高效的方式：直接摆在页面上。

如本页中的两个首页图设计。这家小型的纺织品贸易公司以出口印花绒毯为主要经营项目，鉴于它是一个新生企业，考虑到网站发布的同时要树立鲜明的企业形象。首报方案，以标志局部图案作为背景，并采用绒毯质感的处理，使其企业形象和行业文化融合在一起。然而对委托方来说，这样是远远不够的。即使企业形象非常美观，但其经营项目却不够鲜明，或者说，还需要更加鲜明。委托方点名要把绒毯卷放在首页，负责人指出：行业内一看到绒毯卷便会十分明白我们的经营项目以及我们能提供什么？必须在首页展示出来，这对我们的生存和发展至

初稿方案

定稿方案

关重要。

其实，就国内的中小型企业现状来看，多数企业的产品竞价经营（在质量相同的情况下，谁的价格最低，谁才能获得订单。）甚过文化建设的长期经营模式（品牌化经营，通过社会活动、广告等方式先把品牌知名度提高，再考虑销售额的提高），甚至不少颇有规模的大企业也在树立企业文化方面比较薄弱，即使明知需要树立良好形象，也必须为产品让道。考虑到这些原因，二报方案时，（因其产品照片有限，只有这一张能够采用。）为了给浏览者提供很好的触感和视觉观感，产品照片没有再做任何艺术处理，直接把这张照片采用较大尺寸的模式摆放在页面中间。委托方非常满意这样的结果，并认为作品不仅从任何角度都符合了他们的要求，还做到了美观大方。

比较起使用了传达错误信息的图片，如果使用了无害、无效的图片信息，也是一个祸患无穷的麻烦事情。网站建设的现状告诉我们，设计网页，图片资料是必要的。但往往图片资料是不充足的，需要设计师自行寻找一些图片资源作为素材。因各种实际情况的不同，很多设计者选择了只能体现出行业特点和栏目特征的图片，多数来自商业图库，有些还被反复使用过。这些看似无害的图片信息，在侵占页面空间的同时，却无法为"目的"服务，他们对网站的发展起不到实际作用。

曾有一个委托方是一家颇有规模的大企业，他的中文网站以宣传企业为主，英文网站仅以宣传产品为主。为了明确主题，我们需要在中英文不同版本的网站风格和插图选择上做了不同的规划。中文版，从商业图库中选择符合条件的插图作为补充企业图片资料的不足，虽然看似无效的图片信息，却有效地补充了页面内容，使网站看起来大气而丰富；英文版，在所有栏目内都使用产品照片作为插图，进行稍许美化，使其页面看起来高效、诚信，符合欧美浏览者的口味。

动画

从网站建设的角度讲，动画是在有限的空间里，把运动的文字信息和图片信息按一定的逻辑方式组合起来传达给浏览者。它的作用主要有以下三点。

吸引眼球，如广告条等。

模拟真实，如产品360°展示等。

丰富的视觉形式，如Flash宣传首页、电子说明书、美化页面效果等。

提供交互。

动态信息丰富了网站视觉，有助于情感化表达，使它有别于印刷品（纸张媒体）。带有鼠标点击、选择，人为判断的互动动画，又使网络媒体比电视媒体更加先进，从而能为建设者做更多事情。如果因为过于追求形式而滥用、错用，导致画蛇添足或张冠李戴，这些都会有损网站的专业印象。也就是说，用的好就是锦上添花，但用不好则不要勉强。

移动互联网的普及使很多Pad软件都带有大量的动画效果和视频信息，可以把他们作为动态的图片来处理，不需要畏惧或滥用，在平面设计方面表现优秀的设计者，动画构思也不会逊色的。

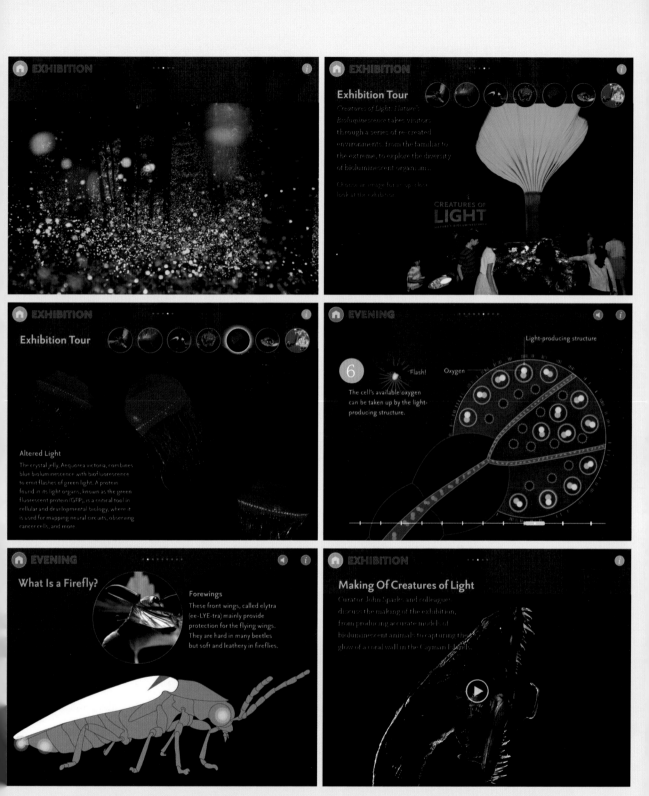

生物博物馆的Pad界面，由动画、视频信息组成，具有交互功能。

多媒体（视频与音乐）

随着带宽的增加，这类网站越来越多。网民使用视频网站甚至超过了看传统电视，视频网站也开始进行原创栏目、原创电视剧的制作，逐渐形成网络电视台的形式。在中国，并不是任何人都可以创建视频网站的，需要有视频播放许可证书，且国家对发布的视频内容有审核要求。

普通网站插入视频是没有限制的，就像插入了一张可以动的图片一样方便。

有了动画，怎么能够没有音乐呢？音乐的魅力在于展开了想象的空间。抽象的画面，配有情感不同的音乐，可以帮助人们解读画面。举个例子，画面是红色的，音乐是阴森森的曲子，这一定会让你把红色画面与恐怖的事情联系起来；还是红色的，音乐换成敲罗打鼓的欢快节奏，任谁都知道是喜庆的意思。音乐的暗示不只是为了帮助人们更好的读解画面，它还能对网站（或企业）的形象产生引导、强化、扭曲等不同作用。

曾遇到这样一个委托方单。委托方是生产乐器的厂家，要建立一个树立品牌、推广企业、展示产品的网站。产品虽然多样，但主要以电Bass、电吉他等快节奏的乐器比较有名。为了表现企业的畅销产品，委托方问到：要不要在网站上放一段电吉他的音乐呢？

你可以尝试反问了委托方三个问题：

乐器是什么年龄层的消费者使用？

网站是给谁看的？网站对应的委托方是否与产品对应的消费者一致？

乐器的销售肯定和乐器音质有关系，但这种销售策略是否是企业销售计划中的一环。亦或者，它是必须放的还是放不放均可的？

委托方丝毫没有犹豫地回答：乐器是十几岁的孩子玩的；网站是给国外的厂商看的（商人）；音乐虽然重要但不是必须放出来。

在这种情况下，设计方可以建议：不要在网站上放置背景音乐，尤其是节奏快、嘈杂的音乐。这很可能会对树立品牌形象产生消极的作用，更不能因小失大，否则就得不偿失了。幸运的是，委托方听取了建议。

IPad中，有很多软件是多媒体的方式。例如游戏、音乐软件、幼儿教育类。这里面都大量包含了音乐和动画。类型多种多样，建议初学者从鉴赏入手，多学多看。

Share a Mix Moment!
Show your friends what you're mixing.

Mix the music you love and inspire your friends.
The groundbreaking DJ app for iTunes and Spotify.

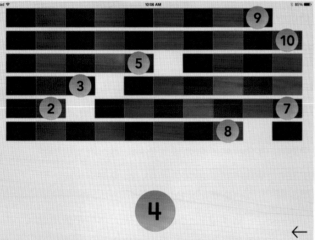

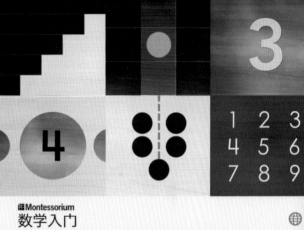

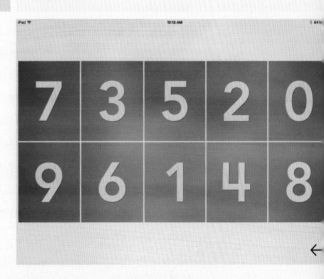

各式各样的Pad界面
均包含音乐与视频

3.3 信息的创建与管理

首先明确两个概念：

其一，信息虽然是网站的生存之本，却也必须依存在网站中方能进入大众传播，二者相辅相成；

其二，信息内容的创建和信息结构的管理必须符合网站建设的需求，使网站为建设者服务。同时，谨记网站并非是因信息量巨大而取胜，只有信息与目的达成一致才能使网站成功。

作为信息空间，网站持有"随信息内容不断壮大而壮大、随信息内容不断更新而变化"的特点。作为活动的媒体，网站与电视、纸张的标志性差异是：其信息内容可删减、可增加，信息形式和信息量也在变化。这就要求：在网站发展的半年到一年，甚至更长时间里，页面设计依旧能够配合信息的更新与变化。做到这一点，需要策划人员和设计师相互配合，对网站远景进行合理的安排与筹划。

信息的来源

信息的来源主要是针对目的而言，明确对网站主题来说，哪些信息是必须有的、哪些信息是希望有的、哪些信息是可以没有的。**必须有、希望有、可以没有的信息，表明了他们对网站的重要性也有所不同。**

资源欠缺或时间限制迫使委托方进行折中选择时，根据优先次序编整网站内容是必要的。在没有策划案指导的情况下，设计师也可以根据这个次序决定页面信息的分布位置、信息的强调方式等。

信息空间的结构

格子模式、序列模式、树型模式是从现有网站内容情况中总结出来的。他们与页面设计有着比较大的联系，是创作的参考依据。

格子模式

格子模式是指信息按类划分的方式。

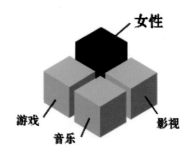

例如某个娱乐网站中包含了音乐、影视、游戏三类娱乐信息，除此以外，还特设了女性专栏。表明网站可能会成为三个大频道合一的综合娱乐性质的站点。而女性专栏与其他栏目无交叉之处，在页面设计上，应适当让导航形式特殊化。

格子模式也叫块状模式，不仅是异类信息的划分方式，也是同类信息进一步归类的方法。不同的信息类别可能会形成自己的导航系统，如果有必要一起出现在页面上，那么网站则会形成多导航的规划重点。虽然是把网站内容分成几个大部分，但每个部分对网站的建设来说也不一定同等重要。

序列模式

序列模式通常针对的是文章列表或项目展示。文章与文章、项目与项目间是平等的，信息内容的模式也比较相似，页面设计的版式比较接近。设计师只需要考虑如何安排布局它们，整理出相似的模板即可。

对信息量非常少的网站来说，每个栏目

可能只有一个页面，那么栏目与栏目之间就是序列关系。

树型模式

树型模式是针对信息的分类分层、信息的结构总体来说的。对几乎所有网站来说，信息内容之间都存在着树型关系。

首先分频道，频道内容再次划分信息块，信息块内又划分出几个不同的小块；每个小部分信息可能还会继续划分出下级信息块……依此类推，形成树根式的模式图。明确同一级信息块的重要程度、通过怎样的形式来表达层次关系，以及信息块是否需要通过导航标示出来等，对创作很有帮助。

广度

深度

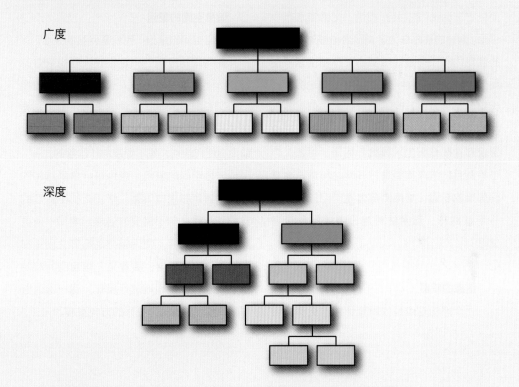

信息的编辑

信息编辑是网站编辑们的工作，其形式与内容大有学问。以下摘出与网页设计、视觉创意、表达目的关系较为紧密的：信息标题、信息摘要的编辑，在这里做一个引发式的讨论。

我们都知道，在琳琅满目的互联网上充斥了海量的信息。想要一下子找到对我们有用的信息并不容易。反过来说，作为网站建设者，想要尽快抓住浏览者的眼球，信息标题和信息摘要是最为关键的一环。

在网络营销领域有一句话：**不是说什么，而是怎么说。**我们不是要讨论说些什么事情，而是要探讨怎样把要说的事情推出去。

如下的三条广告语述说的是同一个促销行为，表达方式不同。你认为委托方会欣然接受哪一种呢？

- 减价50%

- 买一送一

- 打对折

答案显然是第二条：买一送一。调查表明，这条广告语超过了另外两条销售的总额。广告一般情况有两种功效：一是提供一种信息，二是请求某种行动。广告语言简意赅，到位！即可。

网站中的导航条与传统广告极其相似，文章标题或内容简介都可以借鉴传统广告中的推销方式。在产品的介绍中，很多企业只是采取把产品罗列出来，并未对他们的介绍方式进行"包装"，其实只要增加一个"看看我们的委托方怎么说"的栏目，相信一定会增加不少订单。网站的建立是为了浏览者能够浏览其内的信息内容，但是快节奏的工作和生活，使我们在Internet上很难做到一字一句地阅读，大家都是一目十行、一带而过的。但若真的被某个内容吸引时，则会反复的研读，把链接保存在收藏夹里。导航、标语、引言、广告等醒目的信息摘要是打开网站和浏览者之间屏障的钥匙，如果浏览者在"门口"转了一下就离开，那网站对建设者还有什么意义呢？

信息的积累

一个好的站点是依靠有计划的更新内容而持续发展的。日日月月对着同样的界面、同样的动画，未免过于枯燥。巧妙的利用色彩、插图、广告的替换，进行网站视觉内容的更新，对网站的发展是十分有必要的。

此外，我们都知道，人不可能在一天之内吃成胖子，网站需要长时间的树立品牌，建立与浏览者之间的默契关系。不论是信息的更新，还是信息的积累都是至关重要的一环。

信息空间的重组

信息空间的重组，也就是网站的改版。

提到网站改版，一定会让人联想到重新设计页面。可是有很多人认为改版只是"换个脸"，变个颜色，这就完全不正确了。换汤不换药，治标不治本。如果信息结构与之前没有任何区别，是不能被称作改版的。

信息空间的重组，意为进行信息结构的优化和信息布局的调整。修正之前不合理的安排，删除之前不需要的信息，增加一些更好的服务或内容，使网站与浏览者之间更加默契。网站要发展，要提高，信息空间的阶段性调整应有规划地进行操作，每一次改版都应该预示着网站向更好的方向发展。

3.4 视觉信息与文化传播

阿雷·本斯（1922年-1991年）曾说过这样一段话："最好的交流方式应该是面对面的，你可以看见我，听到我的声音，闻到我的气味，摸到我；其次是电视，你可以看到我，听到我的声音；再次是收音机，你可以听到我的声音，但看不见我；接下来，就是印刷品了，你看不见我也听不见我的声音，因此，你必须能够从印刷页面上的东西来理解我是什么样的人，那正是排印设计所能派上用场的地方。"

用这种叙述方式，分析一下网站媒体吧：你必须从页面上的东西来理解我是一个怎样的人，也许你能够看见我，也许你能够听到我，但你闻不到我的气味，也触摸不到我。网站拥有了电视、声波和印刷品的特征，却比他们先进。其内的信息可增加、可

修改、可删除，你对它的认知和判断也会随
着信息的不同而改变。虽然能够拥有动画和
音乐的信息形式，但在更多时候，网站像是
一本书，延续了印刷品的魅力，只要有一台
计算机和一根电话线，就可以将丰富的内容
带进人类生活的各个角落。

　　来看三个有关体育运动的网站，它们分
别是NBA、Nike篮球网和奥林匹克。

Nikebaskball.com

Olympic.org

NBA.com的网站围绕所有和篮球相关的信息铺开，密密麻麻的新闻与赛事通告、球星们的照片和体育评论，热热闹闹的信息给每个浏览者一种火热的气氛感觉，就如同正在观看紧张、窒息、快节奏的篮球比赛。从新闻量、信息量、到文化特色都证明了NBA.com的出色，其网站气氛也满足了那些球迷们的观战心情。

Nike这个国际知名的运动时尚品牌，给无数热爱体育运动的人以最完美的装备。它在Internet上拥有超过三十个以上的系列站点，同是Nike的品牌、同是关于体育的主题，但网站风格却没有雷同。上页中选择的是Nike美国篮球运动网。该网站的气氛、风格、信息特点均与NBA.com有着较大的差别。灰银金属的框架、黑色的点缀与个性十足的文字，巧妙地把Nike的品牌文化引入篮球文化中，又通过篮球文化把自己的品牌推广出去。奥林匹克是竞技运动员所追求的最高荣誉。

打开Olympic的官方网站，首页上还放置着刚结束的雅典运动会的会场照片，页面干净、简练、严谨。五环标志放置在页面顶部，左右两侧没有任何信息，这和我们通常设计的页面格局有着很大的差别，不是所有标志都能采用这样的版式。奥运五环象征着五大洲的团结以及全世界运动员公正、坦率的比赛和友好的精神，把它放在页面顶部，贯穿整个网站，这一形式的力度无疑证明了奥林匹克的庄严与荣誉。

Olympic.org像是一个大大的博物馆，每个环节都设计得相当出色。网站的用色、用图、信息安排、细节等的处理力度刚刚好，网站风格不过、不腻，使人过目不忘，同时也让浏览者感受到了尊重、崇高、体育文化的深邃内涵以及竞技历史的气氛。

NBA、Nike bask ball、Olympic同为体育网站，却展现出不同的风貌和气质。网站为浏览者呈现出的文化内涵有着较大的差异。

先撇开设计风格不谈，信息和目的在这里占据了怎样的角色呢？

同类内容的网站多起来，同类中的优秀站点比例逐渐扩大。浏览者的选择增多了，他们对网站的要求也会越来越高。网络经营想要取得成功，建设方必须尽力在立意上突出自己的特色，即使信息类别相同，网站主题依然能够产生较大差异。且希望这种与众不同的特征可以在第一时间就让浏览者感受到、体会到，被记忆、被识别，于是乎，网页设计只解决网站作为信息仓库的属性是不够的。还必须针对网站的媒体性质，从它的网站文化、传播内容、经营特色等多重角度去探索。

气氛的形成，是网站媒体一个非常重要的特质，亦称为网站的文化气质。它是宣告网站精神面貌的重要标志，想要通过页面设计把"目的"诠释得更为成功，设计师必须针对网站文化气质的特点进行创意构思。

如何诠释网站气氛是一个相当复杂的课题，需要设计师对经手的项目有着颇为深入的了解，并能提出自己的阐述。如何合理的通过色彩、图形图像、动画、排版组合等方式把情感、情绪传播出去才是重点。

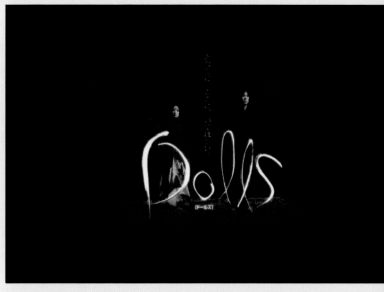

Office-kitano.co.jp/dolls

信息展示页

　　这是日本电影《玩偶》的官方网站。背景中的红与静止的男女主角，仅这两个视觉元素就给浏览者带来一种对电影《玩偶》的浮想。

　　节选了叶念琛先生的一段影评（来自163娱乐频道）：

　　《玩偶》片以日本传统"文乐"木偶剧来串连三个教人既伤感和无奈的爱情故事。一对痴情男女，徒步私奔，千里迢迢，只为回到曾经共订鸳盟的雪山酒店；一个满手血腥的黑帮老大，退出江湖才记起初恋情人30年来一直在约定的公园等候自己；毁容偶像破例接见痴心的瞎子歌迷，却不知歌迷原来是

来之前才自挖双目……

　　《玩偶》的震撼，还有是源自电影刻意营造的美术风格，鲜明艳丽的四季变化和满带超现实味道的飘逸服装造型（山本耀司设计），唯美而不胜收的视觉风格，是北野武作品中难得一见的。但电影亦在提醒观众，形象之美，从来是如虚似幻的短暂。就如生命一样，这边厢是良辰美景，转过头可能已是世界末日……

　　看过影评之后，证实了红色代表了绝望的意味，设计师选择这一颜色给浏览者带来的视觉震撼与电影海报、电影本身带来的惊悚是一样的。

网站对外渗透某种情感、文化、信息，需要依靠色彩、图形、图像等视觉元素的综合印象，孤立来看待任何一种视觉元素的作用都是不正确的。不仅如此，通过各种设计技巧和创意手段，能够产生事半功倍的视觉效果。

网站情感表达是一种文化读解的方式和观众的视觉感受，虽然对确立网站形象和信息内涵的传达很有帮助，但也不是所有的网站都需要表达强烈的情感。作为陈列信息的容器，很多情况需要尽可能的使浏览者的注意力凝聚在网站内容上。这就是为什么越来越多的设计师主页或知名设计公司网站，采用极为简洁的页面形式的原因。此类网站如果拥有表达强烈情感的设计风格，定会夺走设计作品的风采。

关于信息的浅简知识暂时探讨到这里。由于信息既是建设者意图的表现形式，又是设计师创作的依据，它贯穿了网页设计制作的全部过程，也是设计构思的核心参照物，因此在后续的章节中，我们还会反复的提及它，并以它为重点来探讨页面形式设计。

3.5　思考与练习

填空题

1. 常见的信息形式主要有 ＿＿＿＿＿＿＿ 等。作为传播信息的载体，＿＿＿＿＿＿ 与 ＿＿＿＿ 承载了98%以上的信息内容。

2. 从现今网站内容情况，总结出来信息空间的结构有 ＿＿＿ 、＿＿＿ 和 ＿＿＿ 三种模式。

思考题

1. 找十个网站，包括门户网站、轻门户网站、专题网站、个人网站等不同主题和类型的，分析他们的信息结构，思考并从中获益。

2. 找十个电影网站并观看电影，分析网站视觉气氛与信息表达之间的关系。

梁景红谈：菜鸟如何学设计

课程网址：http://blog.sina.com.cn/s/blog_6056b9480102va0d.html

第4章

导航设计

导航是什么？

对浏览者来说，导航是内容的目录。这就好像把网站比作是一本书，看过了目录（导航），就大致会知道网站内容是否有阅读的价值，或者说哪个部分是我们首要阅读的。导航系统作为网站信息储备的核心构架，它展示了网站的规模、储备方式、查阅方式等"基础设施"。

与委托方探讨网站建设时，通常也会把导航系统作为重点讨论项目之一。如果委托方对导航毫无头绪或混乱无章，即是他们对网站建设没有概念。一旦确立了导航项目，一切都会迎刃而解。

学习目标
- 了解导航设计的价值
- 掌握多种导航设计的形式
- 通过学习导航设计的技巧，思考页面布局

4.1 学习导航设计的意义

导航只展示信息的类别而不是信息的列表，因为其位置受到注目，具有引导浏览的功能，让浏览者能够尽快找到需要阅读的信息。进入到下一层级后，可以察看列表。

尽管信息分类是决定导航项目的主要因素，但建设者的欲求（目的）也会对规划导航系统产生重大的影响。把优势项目提到导航条的第一、二位，或利用有别于普通导航条的设计形式，可以对促进销售、树立形象等方面起到良好的推动作用。

一般情况下，导航是信息内容的核心项目。有需要时可以把处于树型结构低层级位置的信息提到主导航上，但要谨慎考虑如何处理低层级信息导航项与高层级信息导航项之间的关系。一旦信息层级混乱，将直接影响网站的阅读性。

面对结构复杂的信息内容，需要设置多个导航。比如淘宝网首页就出现了五、六种导航条。平衡好几个导航的主次，也是设计的重点，淘宝网给我们提供了一定的参考。

淘宝网

4.2 导航的形式

纯文字的导航

在功能上，文字导航就已经完成了任务。导航很重要，它的风格会对页面整体风格产生极大的影响。比较起装饰复杂的导航

来说，纯文字导航并不等于没有设计。即使是"选择字体"这样的细小环节，都会对网站风格及页面其他设计环节产生影响。导航字体的选择也是视觉设计的一部分，很多

字体都带有强烈的情感诉求，使用时应当慎重。例如在网页导航里运用较粗的字体，会给人一种笨重，缺少变化的感觉；同时也会呈现一种可靠、大气的感觉。在女性类、化妆品类网站中，常常使用比较纤细的字体，页面看起来会柔和、唯美许多。

当你不确定如何选择和搭配字体的时候，保险起见，可以选用常见的印刷体：宋体、黑体。他们带有一丝严谨、正式的观感，因不含多余的情感，也就不会对整体风格产生较大影响。

http://sign-craft.jp

纯文字的导航

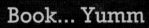

Book... Yumm

CLIENT: FOOTY

CONCEPT | BRANDING | WEB SITE | DEVELOPMENT

Logo

Web Site

UI ELEMENTS

纯文字的导航
Cafe Zauberhaft

带有图像装饰的导航

比较起文字式导航设计，带有装饰的导航更能体现出灵活性与趣味性。如本页上的两组作品。Vitalmar的导航带有图标，可以通过装饰表述出各栏目的信息特征。而The Bic Wall则通过导航条的装饰效果、整个导航的占用面积大小等方面，对页面风格及整体网站形式设计做出强而有力的补充。

带有图形装饰的导航
Vitalmar

带有绘画装饰的导航
The Bic Wall

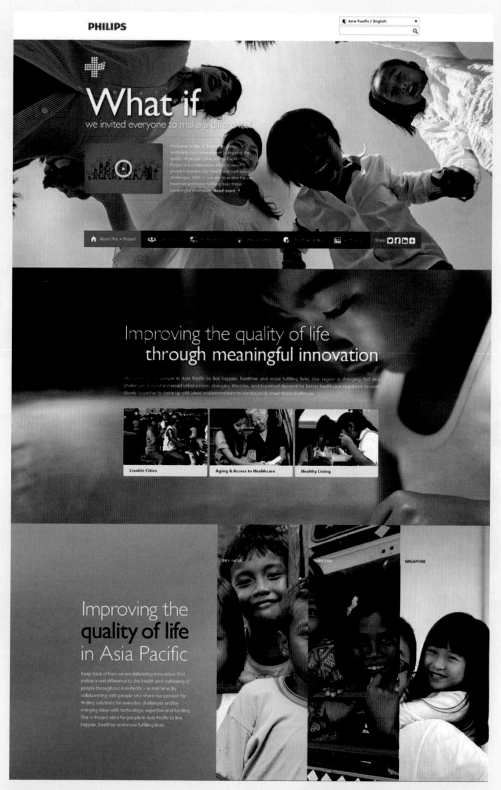

带有图形装饰的导航
Philips

多媒体的导航

尽管图形图像具有特殊的沟通魅力，却比不上文字表达更加直接。尤其是在导航易用性的环节上，文字的作用也是无可替代的。然而随着技术条件的提升，导航也可以是多媒体的，带有音乐和动画。

很多富有创意的设计使导航看起来更加有趣。例如把导航设计成为隐藏的，需要通过鼠标触击到某个区域才显示出来；或导航是跟随鼠标移动的，只有在单击鼠标右键时才能显现。

丰富的创意形式确实带给了我们新鲜感和趣味性。但从信息传达的角度思考，把导

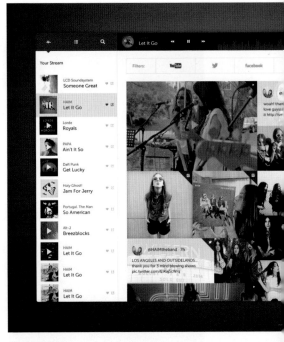

带动画的导航

带音乐的导航
鼠标移动时会发出悦耳的声音，还可以弹奏。

图片导航
每一个图片都是导航
点开后，展示成完整的样貌。

鼠标移动后由变化的导航

航项目隐藏起来的设计风格并不适合于商业
类型与门户类型。导航的作用是为了引导浏
览者阅读网站，而不是以新奇的设计效果为
首要目标，在选择丰富的导航设计形式的同
时，要与网站的目的结合起来。

4.3 导航与排版

页面上的元素比较多，然而在这些元素之中，仅有导航承担了展现信息结构的工作。针对阐释信息格局、网页版式规划这两方面，导航可释放出极大的决定作用，其重要性不言而喻。

除了掌握导航能做什么之外，还需要了解导航作为很重要的元素与整体页面排版设计之间的关系。在整体布局中思考导航设计，才能更好地发挥导航的作用和意义。

导航的"方向"，实际上是指导航文字的排列方式。主要有竖列导航、横排导航、倾斜式导航三种情况。由于导航的方向性很大程度上影响了网页平面的空间分割与排版风格。如能得体运用，则可事半功倍。

横排导航的排版

占用页面空间最少，经常被使用在网站信息内容非常多的门户网站、资讯网站中。除了面积小的特点外，另一视觉优点是：横排导航很大气。这也是为数不少的企业网站尽管信息不多，也会选择横排导航的理由。

从图例中可以看到，横排导航对下方区域的排版影响不是太大。感觉画面比较完整，且变化较多。

http://ddungsang.com

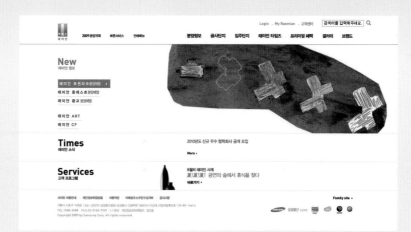

http://www.raemian.co.kr

http://www.accare.co.kr

http://www.powertech.co.kr

http://www.furano-pudding.com

竖排导航的排版

相对横排导航而言，竖排导航占用的页面空间较多，不过随着显示器从14寸普及到27寸，导航占用面积的问题不像之前那么严重了。竖排导航通常位于页面中部居左的位置，居右设计会给排版带来一定的难度，但也有极少量这样布局的优秀作品。

在信息量不足的情况下，可选择使导航的面积增大，大面积的装饰性导航能有效地填补页面空间，而且还可以帮助弱化信息量少所带来的视觉缺陷。

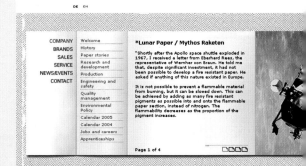

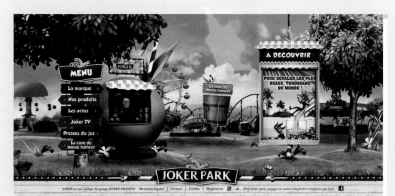

http://www.jokerpark.com
竖排导航面积较大，并与插画完美结合。

倾斜导航的排版

倾斜式的导航设计不多见。它的个性特征太过鲜明，不仅不适用于信息量丰富的网站，同时也不是所有信息量少的情况都能采用倾斜导航的。当信息量大小合适，且需要营造极富个性的网站风格时，可以尝试采用倾斜排版的方式。

倾斜导航的排版
个性突出，如果配合动态效果会更好。

内容铺开式导航的排版

　　一部分内容不多的网站采用了把内容当做导航的方式。看起来就好像是一本杂志，与杂志不同的是，每个部分都可以点击。

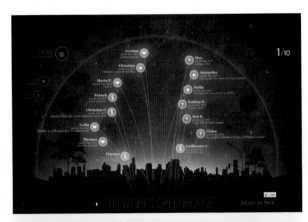

动态的导航
内容铺展在上面，可点击

如杂志一样，每条裤子可以点击

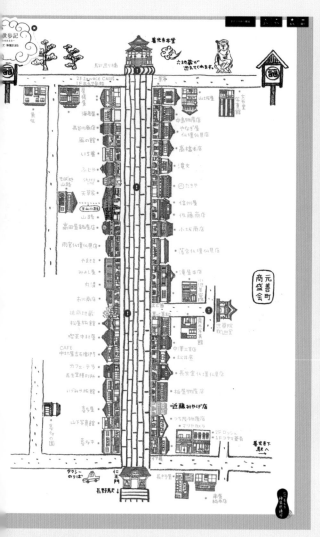

像是地图一样的导航

手机界面采用了图标式导航的方式，也相当
于是内容转换为导航了。内容少的界面可以
参考这种方式来排版。

导航是不可或缺的页面元素，一个好的
异航集中浏览者的视线，并迫使人们必须经
常找寻它的位置，单击它，寻找它，再次单
击它……导航的艺术性或趣味性会给浏览者
带来无限的乐趣。设计师的创作要以"如何
有效地进行信息结构的展示"作为参考。随
着Flash技术的进步，富有创意的导航动画
系统与网站整体设计之间也建立起深厚的纽
带。

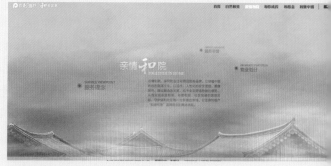

导航与画面融合在一起

4.4 导航设计的创意技巧

导航是网页中不可或缺的内容，我们要通过分析各种作品，思考导航是否能帮助我们协调页面的空间排版呢？除了实用功能之外，装饰设计的意义在哪里？

导航面积的创意思维

图例1是韩国某设计工作室为委托方提供的几份方案中的一份。首页很简洁，除了导航、产品图片，没有多余的信息。设计师是怎样设计导航的呢？很简单，把文字横排摆放上去，通过从页顶顺延下来的一条条细线分开导航文字。

不要小看那几条装饰线，装饰线意味着插图上部的空间并非是"死"的，而是被激活的留白空间。同时装饰线本为导航条的一部分，这就灵巧地把页面的空白部分与信息部分融合起来了。插图左下部分也有个竖列的功能导航（Home/English/Contact Us/Site Map/Faq）同样用一条细线串联起来，激活下部的空白空间，这才使画面真的完整起来。简洁、大方的装饰线给页面带来了简洁、大气的效果，主体区域周围的留白和精美的插图结合起来带来了时尚的气息。整个作品既简单又经典，同时还具有高雅、时尚的味道，其中导航条的设计起了很大作用。

图例2的导航条以渐变色彩的样式列于页面中部，占据极好的视野，同时也奠定了网站的风格面貌。假设采用传统的方式，必定要把插图面积增大，再选择横排导航来突出大气的特征，这样必定会大大减弱了视觉效果上的特色。然而现在却能呈现出一种干净、简洁、大气、科技、商业、诚信之众多感官融为一体的综合气质，这是十分难得的。

图例1

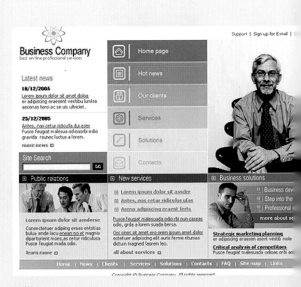

图例2

图例3也很简洁，设计师通过色彩不一的、含背景人物的方块形状插图作为网站的导航。如果采用传统方式的横导航或竖导航，导航占用的面积会减少很多，页面也将毫无特色可言。图例3的情况适用于无插图可用的网站类型，页面信息虽少，却能体现出一种干净、整齐的效果，彰显智慧与个性。

图例4类型的食物网站，多数企业都会希望自己的产品能够最先进入浏览者的视野。为了使产品引人瞩目，把产品图片做成导航的形式放于首页，加强对产品的宣传，这将是一个十分有利的方式。除了页面上部的产品分类导航，以及左下的竖排导航外，还有稍许图文信息。假设某企业，其首页除了导航没有其他需要突出的信息时，我们就要考虑如何通过导航本身进行页面创作，并把商业目的和视觉效果巧妙地融为一体。

图例3

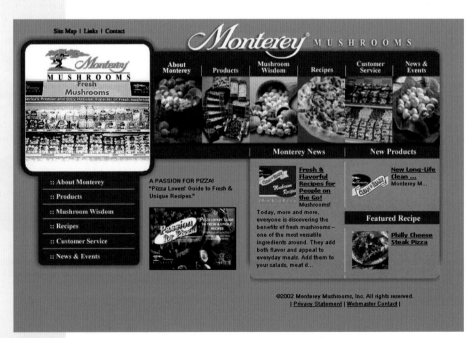

图例4
www.montereymushrooms.com

消失的导航——"信息域"导航的应用

有没有无导航条的网站呢？有的。

为什么会出现无导航条的情况呢？如果导航的存在是为了使浏览者能够清晰地观察到网站内放有什么信息，并且帮助浏览者便捷的使用网站，那么当有其他方式可以替代导航条时，导航就会消失不见。而信息结构的特殊性或许会导致不需要导航条的网站产生，这就是原因。

本页的3个图例都属于展开式页面，这种情况现在比较多见。有的保留了导航，有的完全不安排导航。信息全部在展示在一个页面上，分块、分类、条理清晰以及图文排版。像是折页印刷品拉开后的效果，也像是杂志完全展开。

与早些年不同，页面比较长的网站现在已经被广泛接受了。这类页面给人的印象是丰富的、有条理的，并且十分用心的。本页的图例都是比较优秀的风格。文化偏重的图例1，个性十足的图例2，商业品牌的图例3，都是很值得参考的作品。

图例1

图例2

图例3

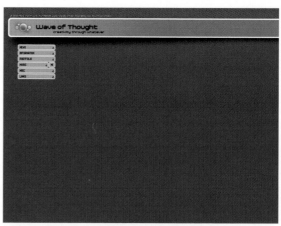

信息抽屉——展开和关闭

很难为这一类导航设计下定义。信息抽
屉式的导航设计十分有趣，导航会根据打开
的信息的位置不同而挪动。

一如Waveofthought。网站首页只陈列

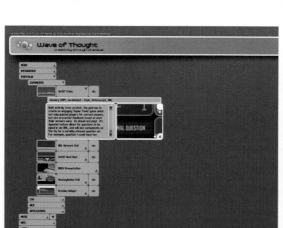

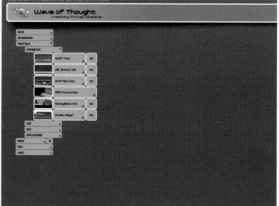

Waveofthought.com
像是信息夹子，随着点击不断打开。

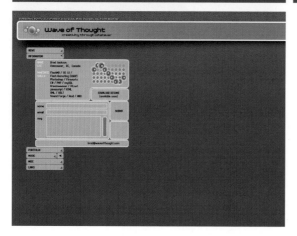

出导航，展开导航时，会出现子栏目的信
息，而展开和关闭的动作仿佛是拉开和合上
信息抽屉。按理说，这类网站的信息类型应
该属于信息量偏少的情况。然而First born和
metadesign的信息量并不少，但也在使用这
种有趣的"信息抽屉"般的导航设计。对比
张扬Flash技术的First born网站，Metadesign

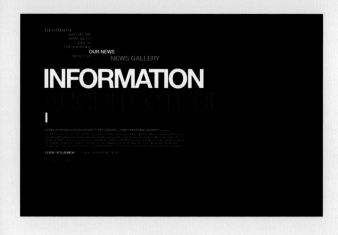

Firstbornmultimedia.com
First born 的字体大小会随着导航打开而变化。

网站并没有使用Flash技术。导航是竖列的，随着导航被点击开，页面向左侧移动的同时，整个网站的展示区则向着页面右侧移动，即使信息很多也能展示得很好。再次证明了即使一个信息偏多的企业网站，也可以十分灵活地设计页面。

metadesign.de

多导航的形成及设计

多导航的形成与设计是由信息结构与欲求目的来决定的。假设我们要做的企业网站原本可以归类出一个导航条，如公司介绍、经营项目、产品说明、其他附件、联系我们等，但基于行销产品的考量，委托方需要使产品栏目下属的产品分类导航也出现在首页及其他栏目里。于是网站导航需要两个，一个是基于信息总括性的导航条，另一个则是具有针对性的产品导航条。

除此以外，还有大量的情况是因为网站存放多种类型的信息内容所致。功用不同，分类又多，只能设计多个不同作用的导航条。如Accessorizekorea.com就是比较常见的类型。

Accessorize网站风格简洁、高雅。位于顶部的是功能性导航条：sign in、contact us、site map……左侧是产品信息的导航条，可以展开和闭合子栏目，由flash制作而成，不加装饰，样式简洁。在竖排导航最下排，有三个特殊的导航项目，它们的样式与其他稍有不同，想必这三类信息是特殊的。打开产品类型的任何一项，在页面右侧的主信息域中，即会出现横向的具体分类的导航条。导航设计几乎成为Accessorize页面的最主要设计项目。

stylus.ru网站页面，它是一个电子商务网站，产品导航条用十分形象的产品图标展示在页面上部。而网站的其他信息由其他的导航条分为文字式与图标装饰式展示出来。纯文字样式的导航在人们的概念里是传统的导航，容易被识别、被关注，而图标式导航更为直接和令人记忆深刻，导航的多样性使页面变得饱满，画面丰富。这也是设计师们选

Accessorizekorea.com

择不同表达方式的原因之一。

多导航之中，是否具有从属关系呢？ 假设信息内容按照树形结构整理，首页为零级页面，主栏目首页为第一级页面，子栏目首页为第二级页面，子栏目的下属栏目首页为第三级页面。而在在这种情况下，委托方告之，企业的重点项目属于三级页面内容，需要提到网站最显要的位置上。这就需要需要设置多个导航了。

遇到这种情况，可以考虑把两个导航设计成不同样式，页面富有创意和变化。如stylus一样，一个是文字导航，一个是产品的图标导航。越是风格简洁的页面，越能体现出元素设计的重要性，多导航中丰富多样的设计将成为风格创作中最重要的元素。

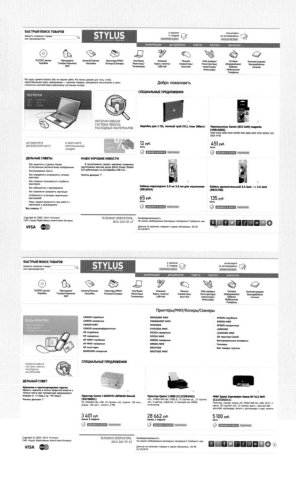

stylus.ru

通常情况下（信息树）

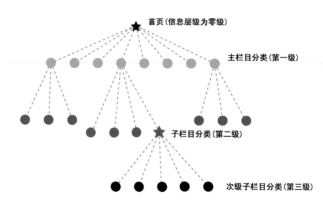

调整后

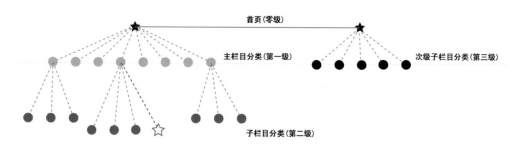

导航重复了？

原本只有一个信息分类，为何在页面上会出现多种样式不同的信息入口呢？

为了让网页呈现最佳效果，不少设计师选择使用Flash导航，如今仍然会有打不开Flash动画的特殊情况，为了避免因为打不开Flash导航而无法进入网站中的情况。需要增加一个纯文字链接的导航。

以网站Pages. think为例，在页面左侧，我们可以看到一个极具特色的导航区，还可以在顶部和底部分别找到两个重复的导航入口。

Pages. think收录优秀视觉效果的网站，采用以色彩为导航，即为红色（太阳sun）；橙色（桔子orange）；黄色（柠檬lemon）；绿色（树木tree）；蓝色（天空sky）；紫色（葡萄grape）；白色（雪snow）；灰色（灰色grey）；黑色（夜晚night）。也就是说，所有收录信息会按照主色调分别放置在这9个类别中。导航是由Flash制作而成的，英文的首字母出现在方格子中。鼠标移置按钮上，出现完整的导航文字。单击后，跳转到一种色彩的栏目里，导航方格下方出现色彩具体情感想像的抽象插图，以及翻页的方式。色彩插图各有不同，红色是太阳，蓝色是天空，橙色是桔子……导航区的特色，不仅仅是为了配合网站的主旨，也成为网站整体风格的代言人，这是Pages. Think网站的一大看点，使它成为了独一无二的作品。

页面顶部有一个文字导航，页面底部有一个数字导航，是两个重复的入口。先说数字色彩导航条，它可以让浏览者直观地了解到不同色彩类别（栏目）里现存多少个网站收藏品。既是一个统计信息，同时也是导航条。它增强网站功能的易用性。

Pageshink.com

顶部的文字导航，还有其他作用么？当页面格局改变时，重复的导航条中必定要有一个保持位置不变，以确保浏览者不会迷

鼠标移动，可以展开分类图标提示，
点击后，可以选择页数。

进入到最后一级目录后，网站的左侧九格分
类导航被信息替换了。底部数字导航，随着
页面长短，不管变换位置。只有顶部的文字
导航此时是唯一不变的入口。此时，文字导
航变得异常重要。

失方向，保证网站易于使用。我们可以观察
到，一旦进入内页，其他两个导航的位置就
发生了变化，此时文字导航就变得异常重要
了。它同样增强了网站的易用性。

不可以设置无意义的重复导航。顶部、
总部、底部，是比较重要的位置，可根据策
划、页面排版的不同情况，斟酌思量。

导读与指示设计

网站导航系统涵盖的范围是很广泛的。除了我们一直以来谈及的信息导航条外，还包括推荐信息、专题栏目、广告信息的导读方式、网站功能特性的按钮（Back，Naxt；上一页，下一页）等。

如果打开信息爆炸般的门户网站，任何人都会很快在满页面蓝色文字中迅速发现红色文字。比如在报纸的广告版面通常会被划分成整齐的小格子，每个格子里只能放下有限的一些信息。然而一个版面布满了这样的格子，其信息量十分可观。发布者为了使自己的广告优先被阅读，可以增加费用，选择黑底白字的方式。有别于白底黑字的格子，黑底白字的格子会优先被阅读。

其实，我们的目光会凭直觉、下意识地寻找画面要素中的相似与不同。在相同的信息中安置不同的信息，便可进行视线引流设计。这就好像，在一个导航条中，文字都用了蓝色，而推荐栏目采用红色；又或者，一列广告都是静止的，最重要的一个采用动态的等。

形式简单的amadori，其首页用插图做了两个导向入口，一边是work区，一边是游戏区，这也是一种导航的设计方式。内页更

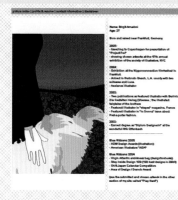

www.amadori.org

为简洁，信息导航条和框架结构揉在一起。简单的网页形式，可以更好地突出作品的魅力。在Mitsubshi cars的这个页面上，也有三个链接入口。文字在上，插图在下，配合页面空间的分配与排版，丰富了页面，也起到了引导的作用。

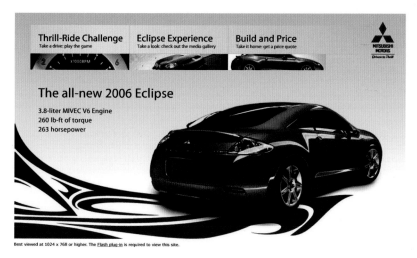

www.mitsubshicars.com/06eclipse/

4.5　思考与练习

思考题：

1. 思考导航设计与内容规划之间的关系？

2. 思考导航设计与页面整体排版之间的关系？

3. 思考竖排导航与横排导航之间的关系？

4. 分别思考图片导航与文字导航对页面设计的影响？

5. 思考巨型信息量的网站（如腾讯首页）、中型信息量网站（轻门户类型）以及小型信息量（多数企业网站类型）的导航设计时有什么差别？

第 5 章

版式设计

如果把网页比喻成人的话，网页框架就是人的骨架。如果把网页比喻成房屋的话，网页框架就是房屋的基础结构。明确了框架结构，才能有效地进行页面风格定位，进而确定更细致的页面元素设计。在新的、好的网页设计不断涌现的同时，我们对页面的排版要求越来越高。想要出新出好，就要先从基础开始。

学习目标

· 了解网页排版设计的特点
· 掌握常见的网页排版样式
· 学习融合创新网页版式
· 掌握各种有关版式设计的技巧

5.1 网页信息与版式

巧妇难为无米之炊，网页的各组成部分正是设计师手中所用的"食材"，色彩、版式、风格等视觉元素则是"油盐酱醋"。设计师通过运用各种创意手段"煎、炒、拌、蒸、煮、炖……"，在发挥材料优势的基础上，制作出色香美味的"视觉大餐"。

网页上的组成部分并非都是一成不变的，每种类型的网站都具有独特的信息模块。如一般情况下，电子商务网站会拥有独立的产品导航，购物系统和相关信息模块，以及各种尺寸、不同位置的促销广告。这是属于电子商务网站特有的内容，页面将产生相应的形式，视觉设计既要突破信息形式的局限，又不能脱离了信息赋予它的文化内涵。

Good和H73是两个具有代表性的作品范例，分别为商业网站和个人主页。通过分析其首页上的信息和页面设计形式，可以帮助我们理解信息与网页形式之间的联系。

先看Good，它是一个介绍手上电脑的网站，页面简洁、大方，内容很有条理，风格大气。商业气息虽浓重，却也给人清爽、舒适的感觉。色彩方面，只有灰与红。标志和重要信息采用红色，集中了视线。广告插图清晰，没有进行艺术加工，很直观地摆放在页面上，是十分常见的商业模式，也符合大众的审美标准。其页面被分为三排，下两排又被分为三列。排版清晰、空间运用得当，信息布局非常合理。标志、形象口号、导航、热线电话等具有识别性、功用性的信息放置在页面顶部，是最先进入浏览者视线的区域，也是给浏览者留下深刻印象的最佳位置。主打广告、主要插图等放置在页面中部，是浏览者平视的位置，属于视线停留时间最长的区域。信息要闻、新闻等项目放置于页面下部。这类信息也很重要（实际上出现在首页的信息都是相当重要，且是最新的），不过因其位置偏下，重要程度次于中部区域的信息。浏览者出于习惯动作，会不自觉地下拉滚动条，快速浏览是否有感兴趣的信息。遇到了，即会停顿并阅读；没有的话，就一闪而过。这样的首页设计，不仅达到了美观、易用的要求，同时也完成了商业目的和信息传播所布置的任务。

Good.com

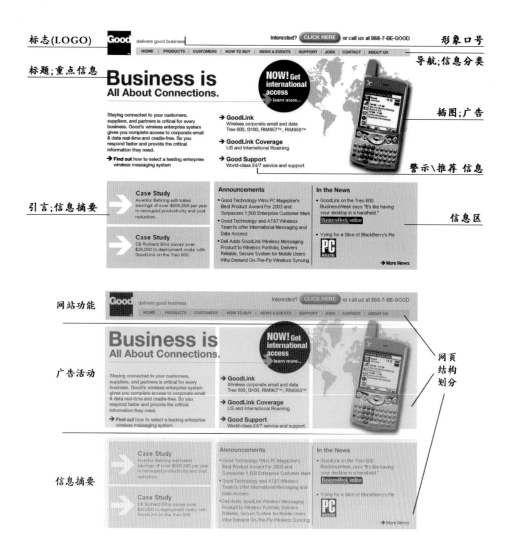

标志(LOGO)
形象口号
标题;重点信息
导航;信息分类
插图;广告
警示\推荐 信息
引言;信息摘要
信息区
网站功能
网页结构划分
广告活动
信息摘要

TIP 概念：设计

　　从广义上来说，设计是指为了达到某一特定目的，从构思到建立一个切实可行的实施方案，并用明确的手段标示出来的系列行为。这一目的既可以是精神性的也可以是物质性的，所以设计无论在精神财富或在物质财富的创造中都起到了重要的作用。它是一种造物行为，是人们进入创造性劳动过程的第一步。

　　在现代社会中，设计不仅仅是人类追求安全、美观和舒服生活的载体，同时也是促进人际交流的重要手段。各种标志、广告、图形，各种通用产品和包装设计，以及我们所讨论的网站、多媒体设计等，普遍包含了交流的内容。例如红色具有"危险性"的心理暗示，全世界的救火车车体无不采用红色，这种信息交流无需通过语言解释。设计的交流作用，使人与人之间的交往越来越接近，越来越便利。

　　设计是个通用词，它的使用范围很广，世界上任何事物的酝酿、策划阶段都可以称为设计。如：工业设计、环境设计、机械设计、汽车设计等。在这里，我们所讨论的"设计"必须加以限定，称为"网络媒体传播设计"、"网站网页艺术设计"或是"网页设计"、"网站设计"。

分析H73的设计，它拥有一个典型的视觉艺术类个人主页的设计风格，版式、用色、插图都尽量做到别具一格。

标志置于视野较好的页面中心，标志下部的网站简述、版本号与文字装饰把标志包裹得更加厚实。装饰线的设计使页面看起来十分张扬，并富有节奏感。尽管视觉符号非常多，却不让人感到凌乱。装饰线不仅美化了页面，同时担负了分割页面、划分板块的作用，一举两得。

导航成倾斜效果，而背对观众站立的女郎，通过装饰线与色彩，非常巧妙地融合于网页之中，形成漩涡式的视觉中心。

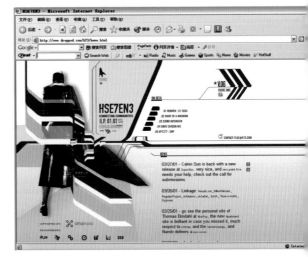

www.droppod.com/h73/

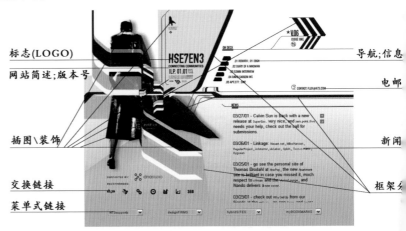

标志(LOGO)

网站简述;版本号

插图\装饰

交换链接

菜单式链接

导航;信息

电邮

新闻

框架分

细致分析一下版面格局，该页面其实被分了左右两部分，左边属于图形视觉重心、右侧为页面信息重心。艳丽的颜色、插图、标志等识别信息存在于页面左部，导航及新闻分布在页面右部。进入网站后，视线会首先集中在左上部，但左部没有可阅览的内容信息，视线必定会在经过左部后回归到右部，一来一往，左右两边达到了视觉心理、信息布局上的平衡。

三屏幕的横长的网站

Good.com和H73.com带有一定的普遍性，从格局上我们可以了解到个人主页和商业网站在信息传播和功能性、格局设计、图形设计、文化特征等多个环节上的差异。由此，在创意思路和切入手法上也会截然不同。

方形、居中

5.2 网页格局与屏幕大小

在浏览器空间里，按照一定的视觉表达内容的需要和审美规律，结合各种平面设计的具体特点，将信息内容和页面视觉元素加以组合编排，就是网页排版了。

如果说平面设计中的长宽比例是固定的，那么对网页设计来说，则没有所谓固定的长宽比例，设计者可以自行确定作品外沿是横长方形还是竖长方形。还可以根据创作的需求，让格局居中，或是接近边缘。比如很小的居中的界面，或者是占满浏览器屏幕的情况，以及横向伸展的个性化格局。

总体来看，网页设计是比较自由的。

横长方形、顶边

网页排版虽然横宽自由，但还会受到习惯的限制。无论什么内容的网站，其页面上的信息所具备的功能大多都是相同的。例如页面上可能存在标志、导航、文章标题、正文、装饰用插图、正文中配图、广告信息、动态广告、版权信息、超级链接等。

一般情况下，标志放置在页面上部；超级链接文字的颜色要区别于其他文字的颜色；版权信息要放在页面最下部；中文导航尽量以四个汉字命名……这些都是网民在长期的浏览网站活动中形成的用户习惯。

即便遇到了竖排导航在右侧的网站页面，查阅时也会不自觉地到左边寻找。符合习惯方式，有助于提高页面的可用性。尤其是商业网站，商业氛围以高效为首，用户们通常是以最快找到信息的时间作为衡量的标准。如果是按照用户习惯排版，那么用户查找信息的时间就会是最短的。而打破了习惯

方式的设计，或许可以受到一部分用户的欢迎，但也可能会有更多反对的声音。

其实，很多优秀的网站证明了，即便遵守传统的信息布局方式，页面也能设计出特色来。结构并不是网页设计的全部，设计师还可以通过图形图像、文字、色彩等其他元素的协调统一使页面丰富多彩。

规划好第一屏幕的内容十分重要。所谓第一屏，是指我们打开一个网站页面，在不拖拽滚动条（浏览器窗口）的情况下能够看到的部分。如今显示器屏幕非常大，对浏览器窗口没有特别的限制。但是随着移动互联网的普及，一些网站必须要设计出电脑版、手机版和平板电脑版，最少3个版本的页面。尽管电脑版屏幕大小受限减少了，但手机版、平板电脑版却必须要考虑屏幕的因素。所以所谓第一屏的概念，仍然是需要关注并且慎重对待的事情。

5.3　栏式结构与块状结构

三栏

　　常见的网页排版形式主要是栏式结构和块状结构（区域排版），并且从总体来看，这两种情况仍然是普及率最高的网页版式设计。

栏式结构

　　所谓栏式结构，是指用竖分方式，把页面信息分成几列的情况。根据栏数为其命名：二栏式、三栏式、四栏式、五栏和通栏。通栏为一栏，也就是不分栏的情况，常见于文章正文页面、用户注册页面等。

　　Spanish properties direct属于典型的栏式结构。其首页是把页面宽度均匀分成三份，即三分栏式页面。三分栏比较大气，常用于信息量大、更新速度快的网站，给人感觉开阔、有气势。Spanish properties direct的内页还使用到了二栏结构和通栏结构，这是根据信息量变化、信息类型需要所做的调整。如果全部页面硬性的采用三分栏结构，相信不少页面将出现大量空白的情况。

两栏

关于栏数

　　在某种意义上，分栏多少与信息类型相关，二栏式虽然也比较开阔，但栏数少，给人的感觉就不如三栏式那么有气势。

　　而今没有了屏幕大小的限制，四栏式的应用越来越广泛。但它虽然大气，却不如三栏开阔。这是由于栏数越多，越会有繁琐的感觉。在人们的审美常识中，一般认为简洁的事物比繁琐的事物显得更大气。

　　尽管三栏式的优点颇多，却也使设计师十分苦恼。有太多网站采用了三栏式结构，浏览者对它产生了视觉疲劳。如何能够在运

通栏

www.spanishpropertiesdirect.co.uk

用三栏式的同时，突出自身特色，这恐怕是不少设计师们正在努力思考的事情。

能够运用到五分栏的信息类型已经很少见。大多是类似reflect.com的首页这般，用于信息分类指示的情况。进入网站后，五分栏结构无法延续使用，内页即调整为二分式格局了。

宽、窄栏与信息

栏宽大小不同、分配不均等时，会出现宽栏与窄栏。通过改变宽窄栏的位置，将生成多种不同的组合，页面就变得有趣多了。

对于浏览者来说，当均分栏宽时，二栏式中左右两栏信息的重要程度是一样的。而对三分栏来说，中栏可以第一时间吸引浏览者的视线，以1028屏幕宽为例，其内的信息是最重要的（用蓝色标注）；其次人们会注意到左栏（次重要用黄色标注），最后才是右栏（红色区域是相对最不引人注意的，或者代表视线最后一个到达的区域）。这样一来，重要信息就要放在蓝色区域里，其次是黄色的区域，最后是红色区域。

www.reflect.com

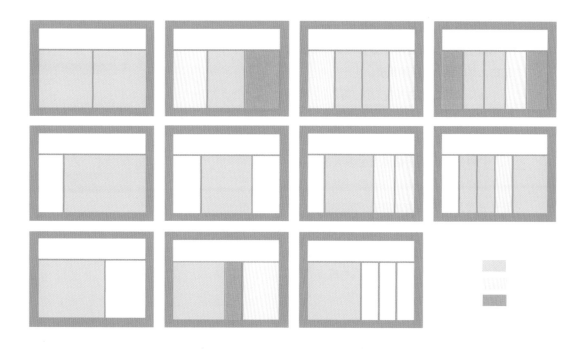

栏中栏

信息情况多变，页面结构就会跟着产生变化。必要时，单栏需要再次进行划分，得到的结果就是栏中栏。

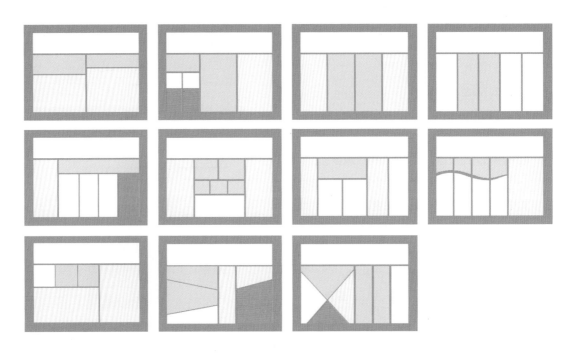

划分的方式不仅仅有竖向的，还有横向的。观察分割前后，区域之间的视线流动方式可以帮助我们判断如何进行排版。

观察图示，越靠上的信息区，越先进入浏览者的视野。并且对三分栏来说，中栏和左栏上部的信息区同等重要。

当二分栏的宽栏（左1排，第2个）被竖向划分出四部分时，页面结构变得繁琐了，气氛也会被改变。

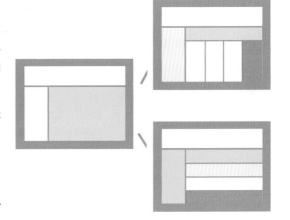

栏中栏可使页面格局产生很大的变化，在使其个性鲜明的同时，也使一部分页面格局失去了原分栏结构的特征。如图例中的第三排，信息被分成一块一块，格局精致了，页面看起来更像是区域结构。原本的"大气"已不是格局呈现出来的第一气质。

页长、栏底

分栏线是否一通到底与表现栏式结构的特征关系紧密。分栏特征会随着竖分线是否直通到页面底部产生变化。直通到底线所形成的分栏数，其页面就带有这种分栏结构的最大特征。另外，如果页面长度在一屏内（即不需要滚动条的情况），那么即使采用分栏结构，特征也不会明显，因为页面短，信息量少，分栏结构的"大气"无法很好地传达出来。

例如ERICSSON的主页，首页格局属于十分明朗的对称格局，可以说它是四栏式，也可以说是三栏式。其页面比较短，内容可全部出现在第一屏，分栏结构的特征就弱化了，页面表现出来的主要是"精巧"和"智慧"。进入内页，由于彩色面积少，信息空隙处理得当，白色显示出高雅和大气。

浏览者不会在同一页面停留太久，网站留给他们的印象是他们浏览过的所有页面叠加后的印象。假设只有首页设计得十分精致，其他页面却很粗糙，那么当观者浏览了数量过多的粗糙页面后，对网站的评价也不会很高。同理，单独看Ericsson的首页，页面短，信息少，大气的特质并不很明显。但当继续浏览内页后，观者会根据内页的设计逐渐加强和改变对其的印象。实际上Ericsson作为一个国际知名的企业，其网站内容条理分明，格局清晰，确实能够使人感受到企业的专业与智慧，以及一个企业所具有的气势。

尽管栏式结构在网络上十分常见，但这并不意味着它很简单。栏式结构的魅力在"大气"、"气势"、"实力"、"丰富"等方面上是无可替代的。要多下一些功夫在这种排版方式上。

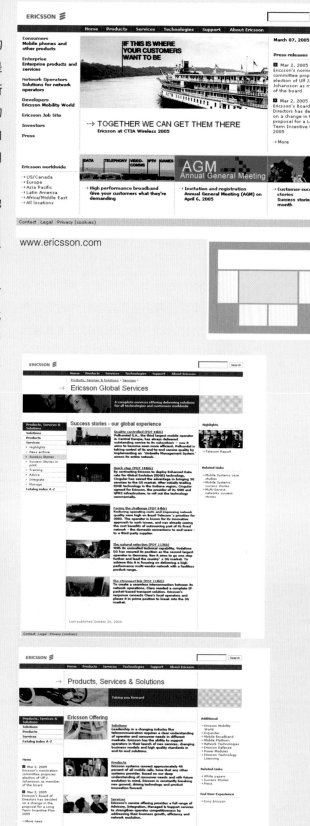

www.ericsson.com

块状结构（也叫区域结构）

由于信息的多变性，栏式结构无法满足我们的所有需求。于是从栏式结构的横向分割，逐渐演化出了区域排版结构。

Lego就是一个从栏式结构演变成区域结构的典型实例。它把页面分成了若干份，以便于管理零散的信息。如果说Lego属于规则的划分，那么Stupido records则属于不规则的划分。

Stupido records是长页面中典型的区域结构。长页面运用到区域排版结构的情况并不多见，但Stupido records的排版方式看起来效果很好，页面中零散的信息看起来十分有序，其中也包括标题和广告语。另外加上色彩运用也很好，页面看来十分有个性。

这两个网站大致可以告诉我们什么是区域结构了。简单来说，就是利用辅助线、图形、色彩等方式把页面分成若干区域，这些区域可以是规则或不规则的。区域结构的最大优势是可以灵活编排信息，页面形式变化多，设计师可以产生更多优秀创意。

Lego.com

区域结构也有以下几个要注意的方面。

分栏结构与区域结构的比较

正因为我们无法满足于栏式结构的信息排版和页面设计，才衍生出区域排版结构。如果说分栏是把页面竖向划分，那么区域就是把页面横向分割。

例如Powershot的网站，页面被横向划分出四个部分，真正的信息区只有第一部分和第三部分，第二部分则被用来安放广告。如果文字书写是从左端到右端，视线移动就被迫拉长，阅读起来十分不便。于是每个部分又被分成三块，如此就形成了区域结构。

在实用性上，栏式与区域两者并不对立，他们常常是你中有我，我中有你。也正是由于区域结构与栏式结构有着很多的相似之处，所以没有必要硬性把他们分成两类。在创作时，同样不要有条条框框的束缚，结合二者的优势，更易确立网页风格，为"目的"服务。

信息特点

一般来说，采用区域排版的页面都非常精美。这是因为区域结构可以有效地编排信息内容，使信息布局时而疏松，时而收紧。美化用的插图还可以与结构完美融合，给设计师提供自由度颇大的创作空间。

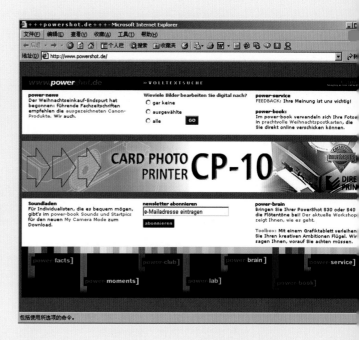

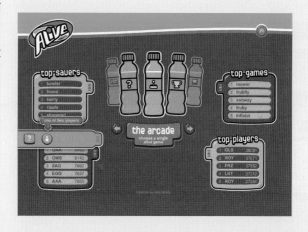

当遇到信息量大、更新量大的网站类型，区域结构就不适合了。它更加适合处理图片多、信息零散的情况。例如Nebraska Wesleyan大学网站，页面被分割成很多小块，看起来相当活泼。照片、手写体，以及草绿色也产生了相应的辅助效果，使人从网站上就可以感受到学院青春且自由欢快的气氛。

规则的与不规则的划分

区域结构的灵活性在采用不规则的划分时得以充分的体现。规则的区域结构比较多见，给人的感觉是严谨、智慧、精致。而不规则的划分可以带来更多的突破性，给人的感受是活泼、热情、个性鲜明。

虽然长页面中运用到区域排版结构的并不多见，但Expn的确是一个长页面的典型区域排版结构。不规则区域，加上黑白分明的界限，使网站看起来张扬又前卫。

Nike的产品展示页面同样采用不规则区域划分，色彩十分温和，颇具时尚感。页面突出展示了区域排版结构的优势和特长，且不易与其他网站发生雷同现象。

Admission.nebrwesleyan.edu

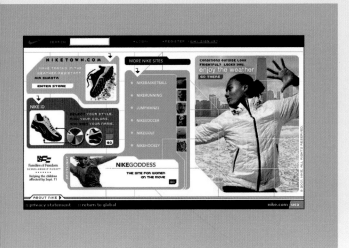

nike

EXPN.com

5.4 常见网页版式设计

肯定有人会问，网站形式如此多样化，为何只归类出栏式结构和区域结构这两种框架呢？

作为基础结构，栏式结构与区域结构具有一定的普遍性和实用性。可以放置一定量的信息内容，并符合网站网页形式的信息格局要求。两种格局所形成的网站风格气质也具有一定的独立性，应用起来各有特色。现今的大部分网站框架都是由这两种基础结构演化而来，结合了两种格局的优点，可以使页面既保留栏式结构的大气，又保有区域结构的精美，这样的网站更能适应信息形式的变化和人们审美的提高。

除此以外，网页平面还继承了来自平面印刷品（平面广告、报纸、书籍装帧）的某些排版特征。在网络上，有相当一部分页面排版借鉴了平面设计的优点，并摆脱了信息格局的框架式束缚，再加上多媒体，网站形象可以具有非常独特风情的气质与趣味性，优秀的例子数不胜数。

融合和创新

结构是奠定页面风格的基础，如果在结构上无法突出特色，很容易使作品陷入平庸之中。当然，也不要为了追求形式而无根据的创作，必须认清页面内容的重要性，创作要参照信息来展开。此外，结构设计不需要天翻地覆的变化，有时候仅仅是细节上的调整，便可以使网站形象鲜明起来。

通过分析以下几个例子，分别探究他

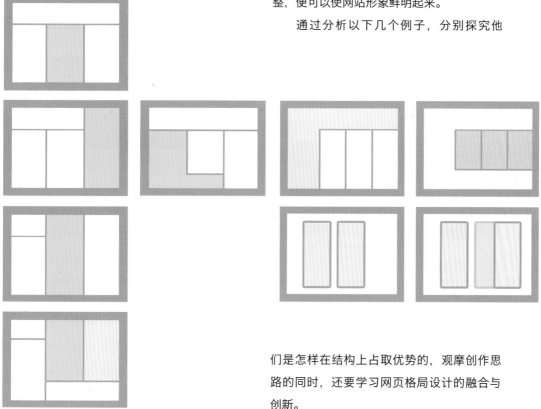

们是怎样在结构上占取优势的，观摩创作思路的同时，还要学习网页格局设计的融合与创新。

基础结构中的细节变化

首先是TnT电视台的官方网站（2000年），网站用色对比不强烈，正是这一点，便使人们的视线集中在了结构上。

TNT的结构设计有两个特色，一是三分栏的宽窄栏的位置，宽栏居左，窄栏居中。

二是栏底拐角的灵活与运用。如果中栏一通到底，内容又不足，页底会空。产生一个有色彩变化拐角，便十分合理地处理了多余的空间。

这两点的设计仅仅是在常见栏式结构上做的局部调整，却形成了TnT的独特性，立竿见影地体现出细节设计对网站布局的重要性。

结构上的小装饰

Enigmatic Space是来自国外网站商业模板的作品。应该算是典型的区域排版页面，由于信息编排紧密，使它看起来更符合栏式结构大气的特点。如果遇到了信息量不大又需要表现出大气的网站类型，可以参照Enigmatic Space。

仔细观察一下，它的页面信息并不多，运用插图和广告可以有效填补信息量的不足，色彩的点缀也可以从另一个角度使页面看起来更加丰富。

格局的不对称

栏式结构的不对称，是突破栏式格局设计的一个重点。如同TNT页面下部拐角的处理一样，不对称还可以转移人们对信息的注意力，色彩落差的配合加强这种对比，更加有效地确立了网站风格。

信息少，却要大气

同样是信息量少的网站类型，想要大气，必须要使排版顶天顶地（以浏览器的边界作为排版的界限）。可以大量运用插图占用页面空间，使画面被充满，这样就看起来足够分量了。信息不够的时候，可以多找一些素材来补足。排版方式特色一些，效果就会特别显著。

多插图的排版

网络上，图片资源丰富的网站逐渐多了起来。其中一些是为了展示产品，另一些是为了丰富内容。展示一些类似的设计，我们可以借鉴他们的优点。

借鉴与展望

如果说信息丰富的页面更容易表现出网络媒体特有的排版方式。那么信息量小、插图精美的网页则传承了平面设计的排版技巧，像是一张张颇有震撼力的海报广告，再加上网络媒体特有的Flash技术，利用动态的层、变化、炫目的效果将这种优势进一步提升。

网页格局的借鉴能力来自各个角落，有的设计师把信息格局与Mp3播放器（winmap）结合起来，页面上仅放着一个播放器，当你选择不同的歌曲时，就相当于正在选择不同的栏目。有的设计师把信息格局与包装纸盒结合起来，纸盒展开所形成的图形以及折叠处所形成的分割线，正是格局的模样，所有的信息都排放在纸盒上。

随着手指角度功能在平板电脑与智能手机端的广泛推广，多图、特效、视频、动画等效果运用的就越来越多了。我们可以先从平面的角度提升自己，然后再把想法扩大为动态的，交互的。

从实用角度上探究，在传统网页结构上借用平面设计的自由思路，可得到更多扩展空间。典型的三栏格局仍然是信息型网站的主流方案。但栏与栏可以是不规则的、叠加的、可挪动的、可关闭的、或者是重叠的，既有统一的面貌，又可以打散这种初始面貌，创造新的面貌。在有规律的秩序中创造出不规则的图形，不仅仅承接了三栏格局的优点，还突破了栏式格局的传统概念，这种创新是最有意义的。其次，电脑网站图片越来越大；手机常用两栏的方式；平板电脑更加强调多媒体和互动。

常见格局的创作参考

　　信息量大小与如何选择格局有直接关系。信息量小，尽量不要选择栏式结构，如果想要体现出大气与气势，在栏式结构的基础上做少许调整，便使不可行变成可行。本节举例常见格局的优缺，帮助读者在创作时选择合适的版式格局。其中一部分格局虽然是从基础结构变化而来，却随着广泛应用逐渐自成一体。

1. 四栏与多栏

四栏可以为信息量大的网站创造出更多可能性。

信息量最大的网站应属综合型门户，通常采用三栏结构，页面长度大于3屏幕。不过这类网站比较少，我们要参与创作的信息量大的网站类型多数是图例中的情况。四分栏是一个不错的选择，可以调节窄栏和宽栏的平衡关系，体现出其优势和特色，并且有效地利用页面顶部的最佳位置，使页面尽量不要太长。

插图的运用是信息量大的网站类型的创作重点，主要表现在缓解信息量的疏密度上。如果文字信息过于拥挤，人们会有窒息的感觉。文字信息多，没有图片或图片非常少，我们通常称这种情况叫做"干燥"。插图像是调节"干湿程度"中属于"湿"的部分，适量和均衡的图片信息可以使页面美观，并且对阅读起到调剂、缓冲的作用。

多图与多栏类型的瀑布流形式的网站

信息量较大的四栏

中等信息量的四栏

较少信息量的四栏

2. 中等信息量的网页格局

设计最自由，什么样的格局都可以选用。

中等信息量是最常见的网站类型，大部分商业网站都属于这种情况。

由于信息量适中，配合一两张典型插图，很容易切入主题。这类网站的格局几乎没有固定模式，既可以采用传统方式，也可以舍弃传统束缚。图例中的网站则是把两种基础结构融合起来，通过大胆的用色，使页面风格更加鲜明。

3. 较少信息量的网页格局

善用插图是信息量非常小的网页设计的重点。如本页图例中所示，插图非常有趣时，人们的眼光会被吸引住，并激起愉悦的审美情趣。单一的色彩，人们的视线会更加集中在插图上。丰富的色彩，人们会保持新鲜的感受。

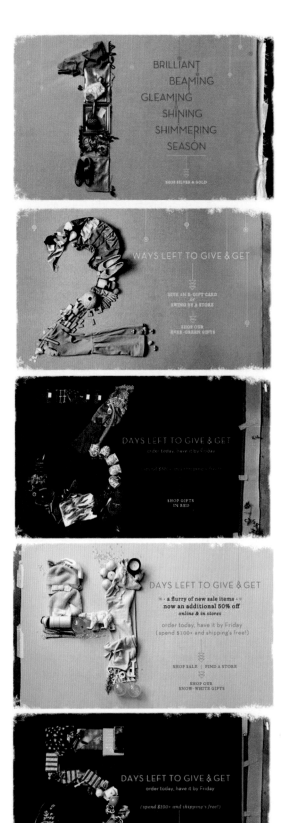

4. 半包围式格局

多数网站比较精美；信息量中等，擅长利用左部区域。半包围格局来自韩国，它的优势在于页面更易制作得十分精美，并可以表现出企业的气势。左部位置的内容相对固定，通常用来放置形象代言人或主题广告等识别性很强的信息。

5. 一个信息区的网页格局

信息很少，格局多变，网站风格亦多变。

一个信息展示区是信息量少的网站的特征，常见于个人主页网站中，但也有不少别有新意的企业网站需要使用这样的创作方式。信息量少的网站最为多变，页面需要丰富的插图作为补充，需要设计师利用各种平面设计的技巧为插图设计服务。

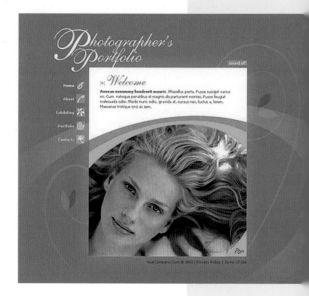

国字型

6. "国"字型格局

全闭合格局；切记不要使用在信息量大的网站类型中。

国字型格局是常见的用于处理信息量少的网站格局之一，有一定的普遍性和实用性。上图就是一个非常典型的"国"字型结构的网站。所谓"国"字型，主要是指格局边线不是浏览器边框。信息内容被包围在一个框子里，框内如何划分并不重要，框外没有任何信息，所以也可称为全包围式网站结构。

这种格局属于闭合式结构，与开放式结构相对立，有种出不去的感觉，主要视觉心理为不开阔、精巧、小气等。

有人说，让留白的面积小一些，尽量让框子贴近浏览器，这样不就好了么？但其实这样并不能改变根本问题，它还是属于闭合模式。不适合体现高效性、时效性等信息的网站类型。但对一些专、精类信息网站非常合适。

 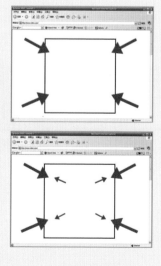

国字型

5.5　信息域与页面层

　　首先来解释一下什么是信息域。通常情况页面会被分成若干的区域，每个区域中放置不同的信息条，这些区域被我们称为信息域。这是页面排版的基础要素之一，也是我们在大脑中规划格局时首先会想到的。

　　如图所示，不论网站的信息量大或小，我们都需要把页面划分成若干区域，不同区域通常会放置不同的信息条。这些区域的出现将便于归类、整理页面信息，使信息条理分明、易于查找。而把页面分割出若干信息域的过程，即是网页框架设计的过程。

　　再来看什么是页面层。我们看到的屏幕虽然是平面的，但不意味着页面也是平面的。让平面网页变成立体空间，这并不困难，只要增加"层"概念就可以。形象一点说，如果曾做过影视后期或Flash动画，你可能会让太阳在背景层中闪耀，同时让马儿在另一个图层中奔跑，把两个层叠加起来，也

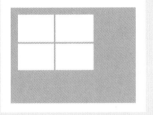

www.outofgoren.de

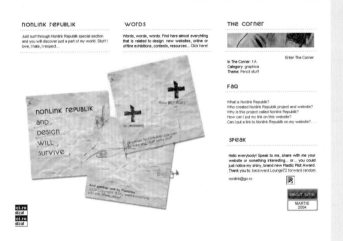
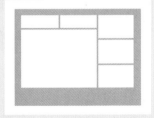

Nonlink.go.ro

就形成了一个空间。同理，假设让网页页面出现了背景与前景的概念，也就是制造了空间感，这很常见，尤其是在Flash构建的网站中。绝大多数人设计网页时肯定会用到信息域或页面层，却并不认识它们。本节可帮助大家正视它们，更加理解网页结构，更明确地从事页面创作。

跳转信息与信息置换

由Html形成的页面，通过超级链接进行页面间的跳转行为。跳转页面的停顿时间也是网页设计的一个重要环节。尤其是在用"猫"上网的那些年，如果页面承载了过多的图片，加载页面时将会需要更长时间。长时间的等待会使浏览者失去耐心，以至放弃

打开网页。这也是不少设计师放弃自己更好的Idea的主要原因之一。随着宽带技术的推广，网页页面已经可以承载更多的图片和表格，但仍旧满足不了设计师们的创作欲望。不少设计师为了避免页面跳转时呈现的不完整页面及不美观的视觉效果，尽量使用Flash构建全部网站。Flash技术的确可以使页面的跳转变得流畅、圆滑，甚至经典。但是，与动画效果比较起来，网站的信息内容更加重要。过于强调视觉形式，很可能得不偿失。如果页面间的跳转叫做"跳转信息"，那么在同页面上，利用Frame框架加载新的信息，就叫做"信息置换"。

例如Digitalmalaya.com全网站只有一个页面。点击不同的栏目，信息内容都会加

www.digitalmalaya.com

http://midori-fukushikai.or.jp/

载到页面中唯一的信息域里。这也大大简化了跳转信息时所需要的停顿时间，但同时也把网站规模缩小到极点，利弊同样十分明显。

一个网站有多少页面，直接标示着网站的规模大小。如遇到信息量少的网站，应该扬长避短，尽量不要使用"信息置换"的方式，除非有特殊的需要和意义。相反，遇到页面数过多，且信息内容形式单一的网站，可结合"跳转信息"与"信息置换"两种方式，自由调节页面交替所带来的停顿与反复。

为固定的信息域提供加长的信息区

设计师在信息太多的时候会烦恼，在信息过少的时候也会烦恼。可网页设计师的工作就是整理页面上的信息，当遇到"不太听话"或"干扰"创作的信息时，我们只能为它们而修改创意。

当你完成了页面设计，却收到了来自委托方的新资料，而你认为现在的页面十分完美，不能挪动一丝一毫时；当首页的新闻过多，却不必要为此设置"新闻栏目"时；当你希望在固定的信息域大小里，放置超出这个信

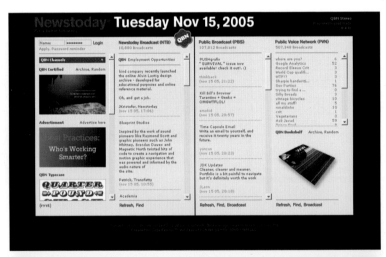
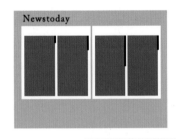

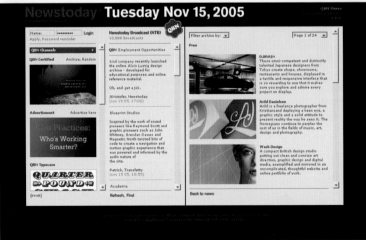
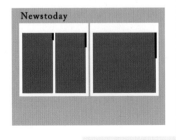

www.newstoday.com

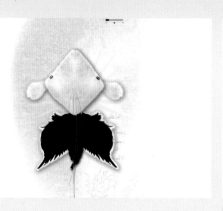

www.exo7.ca

息域所能承载的信息条目时；你可以考虑试试看：为固定大小的信息域提供加长的信息区。你所做的只是在页面上内嵌一个Frame或iFrame，这在Flash生成的页面里也能够实现。

看一下著名的设计门户Newstoday，设计师十分巧妙地构思了它。首先先建构了两个固定大小的信息域，固定后的信息域可形成棱角分明、整齐简洁的页面效果。并在两个信息域内，分别划出两个小的信息域，过多的信息采用滚动条的方式，放置在信息域中。当页面需要加载子栏目信息时，删除右侧的两个小信息域，形成一个信息区。

多数人不会这样运用Frame，更何况是十分著名的专业信息门户。Newstoday违反常规的设计构思，可以给我们打开一面天窗，让我们看到技术背后可以成就的无数可能。尽管Newstoday也是全网站只有一个页面，但颇有价值的信息内容丝毫不会让浏览者产生"这个网站很小"的观感。

使用过Frame的朋友或许觉得这没什么，的确，从技术的角度上看，制作起来很简单。但从整体网站的建构看，我们还要注意到网站的用色、字体、超级链接的方式、图片截选以及其他所有细节的设计。除此以外，最重要的是网站创建的意图是否通过页面视觉形式合理地诠释出来了。在以上这些

方面，Newstoday做得都很好。不论增加或删除多少信息内容，页面的框架都不会变形。这也是固定信息域最出色的优点之一。

活动的信息域与扩展空间的页面拉层

Flash可以实现打开、关闭、移动或叠加浮游的窗口。每个窗口即是一个独立的信息域，活动的信息域最主要的优点是制造了空间感，并使排版更自由。

如Exo7网站。进入时，出现在首页的是一条十分有趣的鱼，它不断在页面上游动。单击动画鱼，主信息出现，并叠加在鱼之上。选择一个信息条，弹出的窗口又叠加在主信息域之上。

从网页框架的角度看，Exo7完全抛开了传统网页格局的排版方式。结构设计的特色，决定了网站的特色。

活动的信息域还可以用拉层的方式表现。例如在靠近浏览器边界的地方安置一个按钮，可拉出一个补充信息内容的窗口，用来对图文做简单的扩充说明等。这些有趣的

创意虽然不适合信息量大的网站，但却可以给需要新意的企业或工作室带来无限可能。

重复性信息条目的运用

打开任意一个门户网站，你可能觉得信息条目实在太多了。但如果把所有出现的信息条目只保留一份，将其他页面中重复的内容全部删去时，你会发现重复的信息有很多。这是一个栏目多、信息多的网站的秘

密。你可以善加优化，并有效地将其运用到栏目少，信息量不多的网站。

当浏览者是从搜索引擎上网站，并直接从子栏目中的某个页面进入网站中。那么重复性信息的作用就变得很重要了。即便是小网站，偶尔也要考虑到重复性信息条的作用。如在交叉的栏目中，放置一些推荐内容，使网站的内部结构更加整体化。

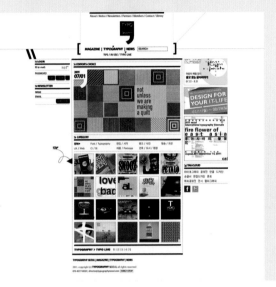

http://www.typographyseoul.com
运用重复性信息可以帮助充满画面，使画面平衡。

5.6 网页版式的创意技巧

前文中提到大量的可参考样式，也分析了基础结构及融合创新。本节中，我们将运用实例，思考版式设计的思维路径和实用的创作手法。

参照物－固定与变化

我们常会遇到一些拥有特定要求的设计单。例如，必须在页面的某个固定位置保留某种信息；又或者是需要继承由上一版延续

下来的，如导航设计、版式设计的某些创作特征等。若是一些具有美感的特征需要保留或继承，这会让接下来的工作好做得多。但有时一些不太好看的元素被要求保留等，的确是件伤脑筋的事情。

看一个实例，由于公司的机器从小屏幕换成了大屏幕的，所以需要把原本800像素的界面改为1024像素的。然而麻烦的事情是：程序不能改动，所有元素的位置不变。

改版前：

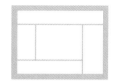

先来分析一下改版前的界面。画面十分枯燥，用色不讲究，格局设计不合理，页面信息零散分布，画面没有统一的视觉外观，也缺乏情感表达，更谈不上营造气氛和突出气质了。既然如此，我们恐怕要解决一系列的问题。

1. 让画面上的元素有机的统一起来，减少空白区域。

解决方法：最为零散的莫属区域5的那些图标。除了放大区域5的图标外，还要为它们增加一个统一的背景色。为什么？从视觉心理上讲，不论在同一个色块上放置多少个零散的物体，由背景色块的边界所形成的区域都会被认为是同一物体。由此，区域5的图标被整合。

2. 从色彩上改变画面的气氛。

解决方法：一方面尽可能准确地表达企业的内涵；另一方面，体会每天都会看到这个页面的人的心情，尽量提供一些开阔的，饱满而富有变化的色彩。

新设计中要用暖红为主色，蓝色为补色。补色不是辅色，而是作为均衡力量的第二种颜色。由于暖红热情有干劲，不仅符合这个行业的特征，也给每天阅览这个页面的员工一些朝气。红色很容易注入记忆，给人们留下深刻印象，但仅有红色是不够的，因为红色容易浮躁，用多了会让人厌烦，便会适得其反。这时蓝色就有了平衡力量，蓝色是代表科技和现代化的，从这个角度符合了"领导"的喜好。其次蓝色是一种继承，并让人们保持冷静，从这个角度来说，非常适合长期做在办公室的人。为此，选择的蓝色并非是前版中僵硬的紫蓝，而是一种天空的蓝。

那灰色的作用呢？灰色甚至比红色和蓝色的面积都大啊？灰色才是辅助色，它的作用是增加节奏感、文化厚度，以及品质。过淡的灰色本身没有具体的色彩情感，可当它作为辅助色时，往往能够提高画面的精致度和品位，使作品看起来更加别致而有思想。而灰色也不是随便铺的，这里用斜线铺色，会添加一些细节的魅力。

最后，为了让画面增加少许变化和活泼的气氛，在区域4的信箱栏跳换几个淡雅的颜色。从整体角度看，它们起不了什么大作用，但仔细看时，却可感受到一些微妙的情感变化。每天收信的员工们都会体会到的。

3．从插图上提供知性、感性的各种情感。

解决方法：提供开阔的插图，提供抽象的插图，提供具象的插图。

格局是死的，那么就把区域1切割为两块，把区域4也切割成2块。我们可以选择了一张云彩很多的天空插图放置在右上角。它可以使人的心情变得开阔，这个设计的确赢得了委托方的好评。其次在标志处的背景图要使用具有抽象色彩的插图，尽量处理得让人看不清楚是什么，它的作用只是提供富有饱满色彩的插图特征，给人带来无限的想象力。其次保留一些看得清楚的现代感、高科技感的插图，也要进行一定的加工，增加造型感，并满足委托方对此的需求。

最后，向委托方索取企业精神的两句话，写在页面右下角处，弥补页面信息少的缺点。这个角度的策划，也迎合了委托方领导的喜好。

4．看看是否还能增加造型的美感？

直线太多，过于死板。可以增加一条曲线，由于不能跨越设计，所以弧度不会太大，起到一些作用即可。不太满意导航，尝试多次发现越花哨越不好，最后选择了简洁大方的设计。给图标加上了小阴影、将广告条修改成圆角的、调试文字的大小并为色彩做最后的统一调整……注意一切细小的环节，最终定稿。

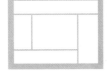

改版后

经过以上分析，你是否能够体会到创作的"障碍感"和"跨越感"呢？虽然关于固定和变化的课题涉及的实际情况各有不同，但基本思考方法都是一样的。有参照物的设计并不一定都是不好的，如何变劣势为优势是一个很有趣的思考变化的过程，在实际创作中慢慢体会吧。

直线与曲线

分割信息区域的方式，要么是直线的，要么用曲线，或者是把它们结合起来一起用。

直线格局的特色

直线的设计简洁、大方、严谨，给人以专业、诚信、正直的印象。如果多留意，你就会发现，工业、科技、医学、技术、政府、大型资讯等相关网站大多都喜欢使用直线格局来设计。因为它不仅仅体现商业化的心理特征，同时可以尽量避免浪费页面空间，可有效地进行信息内容的编排。

为了防止直线格局变得单调，可以通过制造不规则的划分，利用插图装饰，尽量减少轮廓线，以及用斜线来处理等各种方法，在保留直线的格局特征之外，建立活泼的气质。

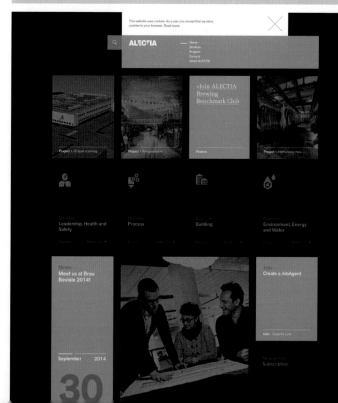

http://soondoyou.maeil.com
用曲线的豆奶造型，宣传品牌非常合适。

曲线格局的特色

相对于直线格局，曲线格局更为复杂一些。它的创造性更强，更能给画面带来张力和流动感，可以创造出飘扬、轻松、时尚的视觉心理，这是直线格局无法实现的。

曲线格局灵活性、流动性的效果适合很多类型的网站，如酒水饮料类，以及与海洋河流相关的任何信息类型。曲线格局的时尚感、飘逸感、柔软感更是受用于更多网站，如女性类、生活类、纺织品类等信息类型。

还有一点要注意：曲线格局需要消耗的页面空间比较多，页面上部因曲线的设计而占据了很大的面积，有效的信息无法放置到更上面的位置。如果遇到信息量大、信息效率高的网站类型，是不适宜用过于夸张的曲线效果的。如果非常想尝试，可以使曲线短小一些或曲度小一些，以点缀的方式进行，这样比较有利。

www.herbapol.com.pl
女性网站非常合适曲线造型。

画面中存在一条曲线，会瞬间显得
自由了很多，节奏感变轻快了。

http://www.lottesamkang.co.kr
把直线与曲线结合到一起，两种造型特点都显现出来。

直线很难制造出这样的幽默感。

http://paldo.yakult.co.kr
圆形代表碗，方便面产品在其中，寓意一目了然。

从首页到内页——视觉元素的呼应

通常情况下，我们是从网站的首页开始展开创作的。一旦首页的风格确立了，即代表网站的整体风格确定了。之后的内页设计，将是把首页的风格延续下去。而风格的延续，是表现在或以格局不变、或以导航风格不变、或以装饰设计统一等一系列的视觉元素的相呼应的各个方面。

首页与内页视觉元素设计上的呼应，是营造网站统一风格的最重要手段，在本书中有大量的图例可以看到页面之间的统一感，除了格局、导航、色彩、细节外，还可以运用插图及平面设计技巧来完善页面之间的关系。

以网站webland.ru和设计师Roke的2000年Homepage为例。

Webland首页采用圆角弧线型的设计，这一优美的造型沿用到了内页中。绘制的曲线并非一模一样，却能恰到好处地与首页呼应。页面的整洁与明朗贯彻始终，插图轮廓造型处理的一致性形成了统一的视觉形象。

这版设计的网址已无从考证，但作为2000年的作品，我们依旧可以轻易体会到设计师的独创性和其个人风采。页面的成功很大程度上来自设计师的平面设计方面的创意技巧。每个页面的造型不同，但风格却是一致的。这是由于每页的色彩搭配、画面结构、配图风格均是相似的，这样就形成了相似的页面气氛与视觉感受。

http://giveoutdoors.timberland.com
从色彩上、插图中建立统一的外观。

对比信息量小的网站（如rokedesign）与信息量大的网站（imagekorea），仔细体会他们在首页与内页视觉元素的呼应上的做法有何相同与不同之处。由此判断当你遇到的不同大小的信息量类型时，应如何定位首页与内页的风格连接点，看看是需要采用webland的方式还是imagekorea的方式，又或者是rokedesign的方式？

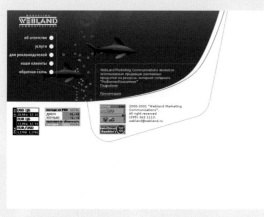

webland.ru

Roke的2000版homepage design

冲破格局:空间 (层) 结构

多媒体动画等技术使网页间的转换变得更加圆滑可亲,页面的跳转通过运动的画面得以实现,从视觉效果上来说,的确是一次完美的改革。进而衍生出来的页面版式设计的新理念,即是冲破格局的局限,强化网页页面的空间感、层结构。

尤其是在上一节提到的"信息域"和"页面层"概念,为突破传统网页格局设计带来不少活力与新意。

在Ipad界面中,有大量作品具有非常开阔、自由、画面精致、引人入胜的特质。这里展示了几套作品,我们可以从中受益很多。

胤禛美人图

WWF Together

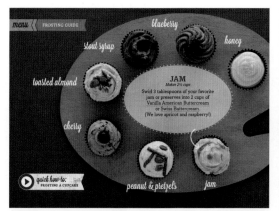

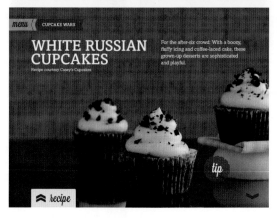

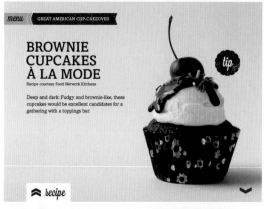

Chinagram学习中国文字iPad应
用程序界面设计

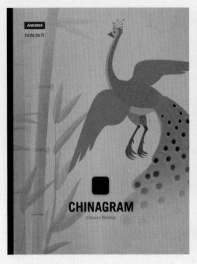

Chinagram学习中国文字iPad应
用程序界面设计

5.7　思考与练习

选择题：

1. 网页版式主要的结构有哪些？（可多选）

A. 栏式结构　B. 树形结构　C. 区域结构　D. "国"字结构　E. 信息域

思考题：

1. 分析不少于十个网站的版式结构，包括首页、内页、文章页。分析、总结、归纳他们
的规律。

2. 尝试创新不少于二十种网页版式。

第6章

色彩设计

色彩是最先进入浏览者视野的视觉元素，同时也是最持久占据记忆的视觉元素。色彩设计的成败标志着网页设计的成败，有很多网站以其成功的色彩搭配令人过目不忘。

网页的色彩创作拥有自身的设计规则，色彩的情感与内涵也会从感性到理性地影响浏览者对网站的理解，我们需要慎重考虑网页设计中色彩的选取与搭配。

学习目标

- 色彩对网页设计的重要性与特殊性
- 运用实例理解色彩对目标、内容、导航和版式的影响
- 色彩设计的风格
- 掌握常用色彩情感的表达方式

6.1　色彩对网页设计的帮助

色彩是依赖周围关系的一种视觉元素。即使在白纸上画上一块平涂的颜色，它也会与白色的纸形成一种比较关系。比较产生美，色彩对比不仅限制在色相差异上，面积大小、形状变化、比例差异等所产生的对比效果，也会使得我们感受到色彩的美。

我们学习色彩通常是从自然界开始的，自然色彩是一类以太阳光源为主而产生的自然物体色，如蓝天大海、白雪皑皑、动物的毛皮色、土地的颜色等，这些都是没有受到人类劳动影响的颜色。

设计色彩是直接与我们日常生活中的衣、食、住、行等相关的色彩，经过人类的创造改变，加入了人类想象力的智慧。如服装色彩、烹调色彩、交通工具的色彩、环境色彩、平面设计和产品设计中的色彩等。设计色彩被广泛运用于视觉、产品、环境三大设计领域之中。设计色彩建立在自然物体色之上，但作为纯粹色彩的探索，重在观察色与色之间的对比关系与规律，具有独立的表现意义，不依附于自然界的固有形态，以色彩组合表达情感。

不论是单个页面的色彩搭配，还是整个网站的色彩设计，都属于设计色彩。通常我们形容一个页面的颜色时会这样说：某网站是绿色的；某网站是白色的……现在的网站设计颜色更加丰富多彩，有时形容一个网站用"算是红色和黄色的吧"，"绿色和蓝色的吧"……

鲜明的色彩具有引人注目、打动人心的力量。当色彩吸引了浏览者的视线，色彩所表现的形象和内容等一切信息也同时进入了人的脑海中，能起到先声夺人、快速传达信息的作用。如果选择以易记忆、易辨认的色相为主色调，或选择单纯、明亮的色彩组合，则更容易引人注目，快速构成深刻的印象。

借助于色彩的不同处理，易于人们的认知识别，有助于创造有个性的网站形象，从而起到强化信息记忆，使网站形象固定化的作用。

网站设计是依赖色彩的，色彩具有的更直观更强烈的视觉表现力，是获得形式美感的重要手段之一。美妙的色彩组合所创造的完美境界可产生强烈的视觉冲击力和艺术感染力，能引起人们观感之外的联想与幻想。

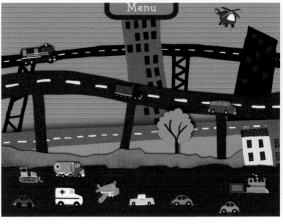

色彩的美感完全依赖对比。色彩越多，对比状况越复杂，控制色彩的难度也会增加。

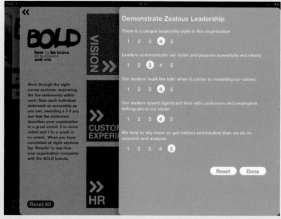

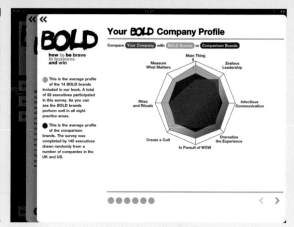

一组作品的色彩规划，每个页面要独立，整体需要统一。

色彩搭配，可以反应出整体网站的风格。对信息内涵的表达，确立品牌特质，抒发视觉情感，引发共鸣等各方面起到至关重要的作用。

6.2 网页色彩设计的要点

对于网页设计而言，网页中的信息是流动的，如果其中包含图片信息，则页面上的颜色也是流动的。这一点与平面设计截然不同。对平面设计而言，色彩是"静止"的，色彩分布根据固定的信息去编排，创作好后，即作品完成。

对网站来说，如果图片信息较多，图片中的色彩将主宰整个页面，并且在后续信息不断更新的过程中，页面感受会跟着图片色彩的变化而变化。平衡好网页设计与信息更新中的图像、色彩等问题，也是设计师必须要考虑到的。以Telemig Celular为例，我们具体分析一下网站色彩设计的特点。在分析案例的同时，掌握一些必备的色彩设计技巧和思路。

它的首页设计有个特殊点：导航不在页面最上部，而是放置在页面最下部。基于浏览者习惯的考虑，可用性最好的位置仍旧是页面顶部。但Telemig Celular的首页很短，页面上的内容可以全部出现在第一屏内。反过来说，只要保证页面上的信息能够完整地出现在第一屏幕上，那么导航放在页面上的任何位置时，相对来说都比较容易被找到。

以红色为主色调，并把色彩配置得相当出色的网站是比较少的。观察首页上的色彩分布，除了网站标志是红色的，起到了重要的"主色调为红色"的色彩识别作用外，页顶的粗线（红色）不仅确立了页面宽度，也加深了红色在浏览者内心的网站形象感中的印象。网站上的超级链接是红色的，这

使得红色的链接文字与灰色的非链接文字错落相间、相互衬托。插图中的重要信息如"Camisa Gym""R$39"也是红色，保持了统一的色彩形象。

信息与色彩（标志下方的插图，调整了不同颜色的效果）

页面格局是四列，左边三列与最右侧的信息分列有着明显的区别。如果左侧第一列

没有采用红色的插图，页面的色彩分布就无法达到平衡关系，或者网站的色彩布局风格将被打破。我们试着把标志下方的插图重新调整了色彩平衡关系，使它变为**淡红色**、**棕褐色**、**紫红色**、**黄绿色**、**天蓝**和**草绿色**。

淡红色色相为红色，保持了原有的视觉效果，红色依旧占在主导位置上，页面气氛协调一致。

紫红色的图例让人感觉到了明显的不确定性，这是因为紫红是偏冷的红色，而网站主调的红是大红，属于暖红。冷红与暖红的搭配需要谨慎考虑，处理不好就会如上图中一般，显得紫红很突兀，画面不和谐。

棕褐色的插图下方是一块湖蓝色，如果仅有棕褐色是能够使页面平衡的，但那一小块蓝色却打破了画面的协调性。不要看他的面积小，即使再小的色块，都能够使作品走向失败。

黄绿色的效果也不好，已经不用细述。

天蓝色的效果虽然不协调，却给原有的页面带来一丝明亮的感觉，这是蓝色特有的色彩情感，如果把天蓝调整为更加理智的、偏深一些的蓝色，也许会达到出其不意的效果。当然，这必须要靠设计师自我的判断，即便同是蓝色，也能分出上百种不同的效果。

草绿色的效果比想象中要好一些，原因是最右列的插图人物的服装是相同的绿，左右两边的呼应，反而构成了平衡。但以网站整体效果来说，色彩心理已经被改变，主色调变成红、绿两种色相了。单色相为主色调，画面偏柔和，如果双色相为主色调，画面效果必须根据两种色相在色相环上处于何种位置来判断。相邻的色相，画面偏柔和，如红与黄；相反的色相，画面的色彩之间存在强烈的对比关系，好似两股力量在对抗、在呼应，如蓝与橙。

但根据上述的实验，我们可以得知，如果这个位置的插图更换了，不论换成什么颜色，都将对页面的色彩印象产生很大的影响。这也正说明了网站设计中的图片信息与色彩设计之间的不确定性与多变性。

淡红色

紫红色

棕褐色

黄绿色

天蓝色

草绿色

目的与色彩（右列的信息位置的背景色，调整了不同颜色的效果）

我们试着把最右列的信息位置的背景色更换了，并且调整为尽量使页面色彩达到均衡效果的色相：**桔黄**、**紫**、**灰绿**、**土黄**、**浅褐**、**白**。逐个分析一下，为什么选这些色相，以及效果如何。

桔黄的选择来自页底导航文字中的颜色，导航分成了灰色字体部分和桔黄色字体部分，这个特殊的安排，绝对不是为了增加页面的变化或美化页面那么简单，它是为了推荐这几个栏目，或者说为了传达出这几个栏目是重要的。桔黄与页面的色彩气氛融合得较好，其效果也与原图相似，能够保留以红色为主色调的色彩基调。

灰绿的选择来自最右侧插图人物的服装色彩，**浅褐**来自插图中半透明的标题背景色，这两者因为能够和页面中其他信息色彩相呼应，所以使画面显得协调。与此同时，这两种颜色属于复合色，不张扬，适合当作辅助色。感觉上浅褐更好一些，因为**灰绿**的"绿"是红的补色，搭配起来比**褐色**情感强烈。

在讨论**紫**、**土黄**、**白**这三种情况之前，我们先猜想一下为什么设计师要在这个位置的信息区加上红色的背景呢？

原因主要有两个：一是这部分信息需要警示、推荐、以示区别，通过深色背景可以强调出来；二是页面色彩设计的需要。如果不增加红色的分量，那么红色的主导地位很可能被插图中的色彩分占了。红色在页面上的力量减弱的同时，网站的色彩特征将会变得混浊，难以定位。

紫色比较深，与周围的白色背景对比强烈，能够起到良好的强调效果。紫色稳重，虽然没有红色枪眼，却削弱了红色的势力。**土黄**和紫色的情况类似。如果其他页面大量运用紫色（或土黄），红色就不再是主色调了。

白色的方式其实是最不合理的，因为它违背了目的赋予它的任务。信息没有突出出来，页面看起来变成了一个十分常见的四

桔黄

灰绿

浅褐

紫

土黄

白色

分栏格式，设计上的特色被剥夺了。不仅如此，页面上的红色减弱了，虽然红色依旧是主色调，但红色的面积减少后，页面感觉很轻，链接中的红色变得刺眼起来（因为没有能够分担浏览者注意力的颜色，所以链接的色彩变得鲜明起来），网站整体的感觉似乎没有之前那样稳健了。这样的页面，尽管没有视觉设计上的错误，但我们仍然认为它是失败的。

经过分析，你是否已经能够体会网站的色彩创作并不是任意的，而是为目的、信息而服务的呢？

色彩与版式结构（红色的位置进行了调整）

继续我们的色彩探索，把拥有红色的分栏位置进行调整，可以发现一些新的问题。首先，当主要的两个红色块分开一定距离时，页面色彩容易达到平衡。当原第4栏换到了第1栏的位置、而原第1栏任意换到第2、3、4栏时，页面色彩不平衡了，画面向左倾斜。这是因为标志也在第1栏的位置上，页面下半段的色彩加上页顶标志的颜色，左侧分量变重，产生了倾斜的视觉心理。

其次，如果仅挪动原第1栏到第2、3栏时，页面的效果基本与最初效果相似，页面色彩左右两侧容易达到平衡。再次证明了，标志面积虽小，其色彩分量却很重。

最后，尝试把带有颜色的两栏并列起来一起挪动。让他们置于页面正中，或把他们放在左侧。页面气氛变化不大，但色彩形成的张力随色块的位置不断产生变化。虽然没有视觉设计上的错误，却没有原图效果好。色彩分布在两侧时画面张力最大，气势开阔，色彩稳定。

标志性物体的色彩

标志性物体，不论面积大小，都不能忽视它对页面色彩设计产生的影响力。

尝试把标志颜色换成黑色，以及把顶部粗线的红色换成黑色。发现换色前后，页面色彩产生非常大的变化。首先，黑色标志的出现，使红色显得突兀。到底是红色最重要的还是黑色最重要，似乎难以分辨。其次，如果顶部的线条色彩与下部信息区所用色彩差异过大，页面会显得非常不协调。一方面，想把粗线换成红色；另一方面，我们发现粗线也拥有想让红色变成黑色的力量。由此可想，细小环节的色彩设计也不能忽视，色彩创作要从多个角度，多个层面入手。

色彩规划及调整

网站是由多个栏目组成的，栏目不同，信息内容亦会不同。信息格局改变，页面格局自然要做相应的调整。如Telemig Celular的内页采用了二分栏结构，色彩分布与首页区别较大。

标志、页顶部的粗线、超级链接等标志性物体沿用红色，继承了以红色为主色调的配色方案。除此以外，页面插图不同，气氛略有差异。如图中所示，当插图主色为室内的、温暖的黄色时，页面给人的感觉也是温和的；当插图主色为艳丽的、向日葵的黄色时，页面给人感觉变为开阔而有活力的。

反过来说，当网站内容以图片为主时，就会显得色泽丰富。那么，在创作页面格局时，必须尽量少用色，尤其是那些艳丽的、吸引注意力的配色方案。

例如Momorobo（新加坡三位图形设计师的联合主页），网站的目的是让浏览者关注他们的作品。页面上除了黑色的文字和线条外，只有白色的空间，这种方式有效地凝聚了浏览者的注意力，使作品的形象鲜明而突出，具有更好的视觉欣赏环境。

如果格局采用了艳丽的色彩，将干扰人们读解作品。这也就是为什么在接到Case后，必须把委托方的资料弄清楚的原因之一。如果委托方属于摄影、模特公司、服装品牌、画廊、博物馆等行业，必定有大量的照片展示到网站上。常见格局用色就是黑、白、灰，统一的色调不易夺走照片（展示）的魅力。

调整图片信息的色彩与格局用色的关系，正是网页色彩创作的一大重点。

而另一大重点，是要从网站整体角度出发，探讨栏目与栏目之间的用色区别与联系。专题栏目（特色栏目、推荐栏目等信息编排与一般栏目略有不同的栏目）的用色，既要与整个网站具有统一的识别形象，又要能够突出特色。

Momorobo.com

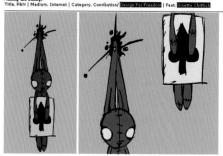

Telemigcelular.com.br

回到Telemig Celular的Empresas特殊栏目，与其他栏目不同，格局变为典型的区域结构。为了保持统一的色彩形象，Empresas选择发暗的红色。暗红略显得成熟和稳重，在统一的形象之下，以示区别。

网站不是平面海报，它有N个页面和多个栏目。人们对它的评价也来自浏览过的多个页面，是综合印象。如果Empresas采用了与红色相差甚远的蓝色或灰色等其他色相，从形成商业网站的统一识别形象的角度上，将具有一定的阻碍和影响。色彩的规划与调整需要从目的性出发，兼顾信息内容与其他视觉元素的创作。

6.3 色彩创作的思路

色彩是视觉设计学科的一大门类，其囊括的内容一本书都放不下。本书的侧重点不在色彩上，所以仅仅从网页色彩基础和信息传达的角度探讨配色，从掌握网页色彩设计的特殊性上与大家做深入浅出的探讨。

主色

在网页平面上，面积最大的色彩为画面的主色调；贯穿网站中所有的页面，出现次数最多的为主色调。主色调好似乐曲中的主旋律，在创造特定气氛与意境上能发挥主导作用。例如红色为主色的作品，多数会给人热情、积极和温暖的感觉。而蓝色为主色的作品却使人感觉到智慧、诚信和高科技。

Sony的主页，主调由淡蓝、淡黄双色组合，铺盖面积比较大。高亮度的颜色给人感觉过轻，没分量，而起辅助效果的深蓝色，镇住轻飘的感觉，起到了很好的平衡作用。要注意到，如果深蓝出现在页顶，虽然同样可以给页面带来重力感，却会产生头重脚轻的感觉，设计师把深色放置在页底部的做法是十分明智的。

辅色

主色调是掌握整个画面色彩气氛的主要因素，而辅色面积小，起强调或缓冲调和的作用。起强调作用的辅色是空间中动感和活力的来源，还可以因其色彩"点"的作用使主色协调，在整个画面中得到连贯，一般为醒目突出的色彩。

类似HP的双主色配色方案不多见，尽管红色和灰色的面积不大，却因为他们抢眼的色相使人过目不忘。而在信息区内铺垫的淡淡灰色，起到了很好的辅助作用。淡灰的分布使页面看起来丰富多了，为红色和深灰所造成的生硬感觉以缓冲的作用，这是辅助色最常见的功能。

背景色（底色）

不得不提的概念还有网页的背景色。背景色彩或者说底色的设计是网页色彩设计的重要步骤，是突出主体的重要手段。

如委托方常常要求把网页做得"亮"一些，这决不是说要求做得浅一些。白色虽然是明亮的色彩，但是白纸本身并不一定具有"亮"的效果，而黑底上的白字却非常醒目。所以，要使画面"亮"一些，应该使底

色与主体色调在色相、明度、饱和度方面的对比大一些。如主体色调的色彩鲜艳明快，底色通常用中、低明度和饱和度较沉静的色彩，以利于更好地衬托主体。

底色设计也是增加空间感的重要手段。鲜而明的主体色与灰而暗的底色呈并置对比状态，灰而暗的色彩产生后退感，鲜而明的色彩产生前进感，形成深衬浅，灰托鲜的清晰的前后空间关系。

Big Cove Camp

对于Big Cove Camp的主页来说，框架所用的兰灰色与背景所用的灰色同样属于主色调，这是因为采用了国字型格局，周围的留白面积比较大，而灰色会使人无法忽略。

背景色在表达情感上比较容易切入。很多个人主页都采用带有浓郁背景色的配色方案，这类方案也容易给人留下深刻的印象，对表述某个完整的情感很有帮助。例如插画师Myshka的网站，背景色的选择就是为了更加完整地传达作品的内涵。

Ffurious采用了红色作为背景色。非常吸引人，而且很容易被记忆。同时，网页格局十分自由，活用了空间，使页面元素的每一次摆放都能给人新奇的感受。Ffurious在"介绍我们"的栏目里运用了剪纸效果，加上有趣的Flash动画，使它看起来非常有个

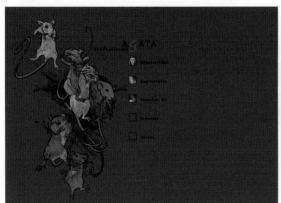

Myshka

Ffurious.com

性。不过，很多浏览者一进网站就想退出，因此，Ffurious如果能解决阅读疲劳的问题就更完美了，但这大概是大面积正红色的背景无法做到的事情，略微减少红色的面积就可以减缓这一问题，然而这样做之后，特色就改变了。

以传达信息为主的设计用色

网页配色的重点在于（企业；产品；个人）形象与色彩、主色与辅助色、主体色调与背景色彩配合得当，同时兼顾图片信息和动画信息中的色彩。

一种主色的作品容易达到协调统一的形象；两种主色的作品，好似有两股力量相互竞争，一旦当其表现趋向一致时，将最富有表现力。其次，留意到不是所有的作品都含有所谓的背景色，白色的背景给人感觉开阔，深色的背景适合表现个性形象；最后还要注意"活动的插图信息"，当插图中的色彩与框架设计用色相冲突时，必须要寻求解决的方法。如果图片信息过多时，必须要放弃在框架上使用过多色彩。

要让网页配色为传达信息、配合阅读而服务。好的信息交流是简单而直接的。正如很难在一堆人群中听清某种声音一样，要在一个极其复杂的设计中弄清信息是很困难的。色彩设计同样如此，杂乱无章的色彩堆砌只能适得其反。增加颜色不一定能提高艺术效果，简化色彩语言而加大色彩的表现力，是色彩传达高层次的追求。

如Girlshop这般采用醒目度大的色彩作

Girlshop

为主色调，温暖的高明度、高饱和度红绿色差对比组合，具有强烈的视觉冲击力，可形造成一种鲜明、醒目的色彩效果。这个网站大胆地采用红绿对比，有一定的学习价值。

以传达信息为主的色彩用色可以从商品本身来思考，突出商品的特征。如对饮料类网站，通常选择淡绿、淡蓝、白色的冷色调组合比较恰当，可以传达商品清爽、凉快的信息。另外，商品具有自己的形象色，如橘子的橙色、番茄的红色是人们习以为常的。

在广泛实用的企业"CI"设计中，视觉设计中的标准色（也为形象色）设计是较为重要的一部分。易记易辨认的色彩重复、不断地在各种传播媒体上出现，给人以深刻印象，使人在不知不觉中接收了商品或企业信息。

对于具有形象色的企业商品，要强调其形象色，那么不论是包装色彩、海报色彩，还是网站设计等其他宣传品色彩，都不宜采用与形象色无关的色彩。

http://earthsmart.van.fedex.com

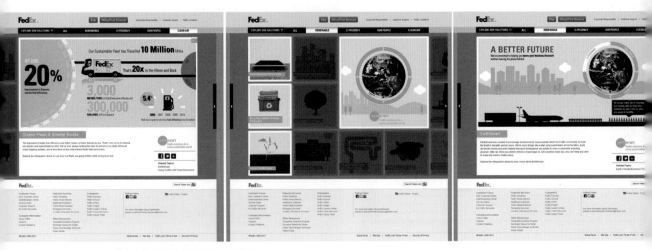

紫色和灰色是这个品牌的标准色彩。
采用这两种颜色作为主色，并且用绿色辅助，使网站非常有特色。

以传达印象为主的多色彩设计

虽然不少网站配色是采用统一而和谐的方式，如洁婷网站采用的统一配色。但为了更有个性、更有特色，采用减弱主色调的方式，将色彩集合在一种印象中，表达出了丰富性和层次感。如何能把多个颜色打包成符合委托方需求的印象——诠释色彩集合感强的多色彩设计成为新课题。

单一主色的作品容易被模仿。现在的网页众多，单一色彩的网站不容易出彩。对比起单一主色的作品，多色彩设计相对来说有一定的难度，可以尝试使两个颜色同时成为主色。如可口可乐勇闯南极的主页设计，就是红色和蓝色的双色彩设计，画面冲突强烈，充满戏剧性，非常有趣，可以给人留下深刻的印象。

洁婷

可口可乐勇闯南极

http://titanic.q-music.be
单一主色的网站

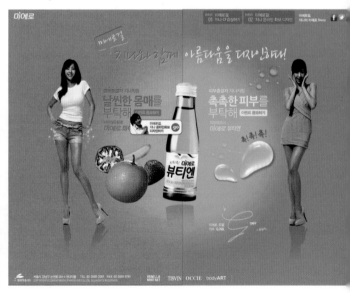

http://goo.gl/FKijE
双主色的网站

色彩风格

　　网站色彩风格主要针对两种情况讨论。一种指网站采用单一配色方案时，此套色彩的用色风格；另一种是指整个网站不同栏目采用了不同的配色方案所形成的色彩风格。

　　根据人们求新、求变、求奇的心理，设计用色也要跟上流行色的步伐，流行反常色彩的处理，可以满足人们的好奇心，使人的注意力由被动转变为主动。如将红色的苹果变成蓝色、把咖啡变成紫色，这些创意的成功靠的是将不可信度与离奇度巧妙地融为一体。

　　Surfstation在色彩风格的构思上有独到之处。首先网页背景是由色泽艳丽的图案构成，主信息区没有使用注目色彩，背景中的色彩成为网站的主色调。其次，每次刷新页面，都会调入不同的背景，背景图案的花色都会不同。此时，页面气氛也会跟着改变，这样一来，每次进入网站，气氛都会不一样，使浏览者感觉到很新奇，并留下深刻的印象。

www.surfstation.lu

http://www.uniqlo.com/calendar
配合插图更换颜色，也是一种色彩风格。

www.skcara.com

随栏目更换色相可以让浏览者对下一个要点击的栏目产生新奇感。下一个栏目会是什么颜色呢？这种心情会促使一部分浏览者点选新栏目，并在阅读不同栏目时带有不同的心情。

http://www.lecreuset.jp/yasai/

http://www.calbee.co.jp/grano-ya/

同样是食品制作类网站，但是色彩风格却要经过慎重的判断和决策。如同这两个主页一样，形成独特的风格。

6.4 情感表达与色彩表现力

当我们与委托方进行沟通时，常常伴随使用"形容词"来描述网站的视觉风貌。如保健品网站要给访客留下环保、健康、绿色的感觉；医院的网站通常需要是干净、庄重、可信任的；家具公司的网站则需具有亲和力、温暖、柔和、舒适的等感觉。

针对网络上的绝大多数信息类型，本节提取了具有典型性的八个"形容词"，以他们为媒介，谈谈关于网站情感表达的色彩创作。当网站仅仅用到一类形容词时（如仅具有亲和力一项特征），较容易展开色彩创作；当网站需要表现多种风貌时（如同时具有新潮的、智慧的、钢铁行业特色的特征），创作难度将增大。

在前文中学习过，当创作失去方向的时候，可以把需要解决的问题分出主次关系来，并依次解决它们。在这里，尝试把最重要的形容词作为主色调选取的参照，辅助色可用来调配网站的其他情感。创作思路并非只有一种方式，在实际应用中，配色设计绝对不是如此简单，日常应加强色彩审美的培养，多观察、多积累、多与委托方探讨，并在创作中多多尝试新的配色方式，逐渐提高自我的色彩设计技巧。

家庭

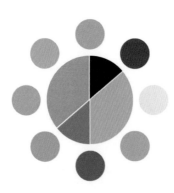

生活用品、纺织品、服务行业、食品等与生活相关的网站可以采用柔和的主色调，配色可以如图例一样是温和的。想到"家"的概念，便能联想到"木头家具"，所以木头的色彩往往能够给我们以温暖的感觉，发白的低纯度的黄色、红色，都也可以作为主色或配色。发白的色绿和蓝色，可以以点的形式使用，作为突出色彩，多用几种颜色增加页面的层次关系，丰富的画面将有良好的视觉

Brookstone.com 家庭产品电子商务网站。

效果。必须强调的是：如果不用白色作为背景色，那么就要采用淡雅的色彩，过深的背景色是无法诠释出亲和力的。

智慧、诚信

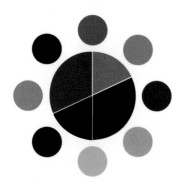

http://www.maruta.co.jp/

强调精密性、稳重性、科技性的网站，多采用蓝色调。因为深蓝色传达着精确、清高的境界，是科技时代的代表色彩。除此以外，蓝色还代表了智慧、诚信、潮流化的。

由于网络上蓝色的使用率过高，一些企业在创建网站时，常常希望设计师能够有所突破。因此，使用代表热情和努力的红色的情况逐渐多了起来。黑色代表稳定，可以给人以厚重、踏实的心理要素，所以不论是科技、智慧还是诚信，都需要用黑色作为点缀色。橙色是蓝色的互补色，常常用来与蓝色进行搭配。橙色还可以辅助红色，与红色形成统一的外观。

表现智慧，灰色是至关重要的。灰色有冷静、无情感的意味，深浅不同的灰色作为辅助色是绝佳的。如有需要，还可以搭配稍许的黄色、天蓝或少量的绿色。背景尽量使用白色，可以给人干净、整洁的感觉。色彩创作就是这样一点点铺开的。

表达智慧时，蓝色最好不使用天蓝作为主色，天蓝过于刺眼，带来不稳定的感觉。相对天蓝色，湖蓝或蓝绿都是很好的选择，搭配不同的辅色，可以拼合出多种不同的色彩组合。

而红色也尽量使用偏暗的红色，由于红色十分枪眼，面积不用很大就可以抢夺其他大面积色彩的主导地位，使人清晰地记住红色相。当大面积使用红色时，会使人产生厌恶的感觉，因为它实在太过强烈和刺眼了。

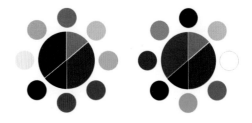

这两个色相环是把红色作为主色与蓝色作为主色拆开绘制的。

此外，灰色也是一个很好的选择。灰色不仅能够给人智慧、稳重的感觉，还可以带来轻快的时尚感。搭配其他任何高纯度的辅色（橘黄、绿、蓝、红）均可。

活泼的

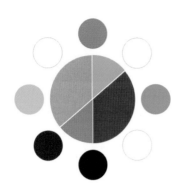

娱乐网站、体育网站、儿童网站，多数都需要表现出活泼、动感的视觉效果。可以尽量使用纯度比较高的颜色。需要配色的时候可用白色，它具有单纯、明亮的感觉。

http://www.puma.jp/playtime/

人文、历史悠久

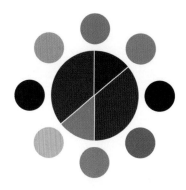

具有文化气质的旅行类网站

与文化有关的网站，如博物馆、文化节、艺术家的个人主页、古迹旅游等相关站点，可以采用浊色调的颜色。也就是说，纯色之中加入灰色、黑色，使其的明度降低。其中褐色比较常用，它是土地的颜色，代表了人与自然，可以表达历史悠久的人文色彩。

发绿的褐色、发红的褐色，混浊的草绿色、黄褐色都是很好的主色彩。辅色，可选取一两种深褐色、一两种浅褐色。跳跃的色彩可选取互补的褐色，如红棕色为主色调的，用深绿棕色为跳跃色。配上合理的插图，文化感很容易渗透出来。

混浊的蓝色和混浊的绿色为主的文化网站并不多见，右图中的博物馆网站就是一例。页面像是变了颜色的老照片，插图的重叠和混浊的天空都在营造一种历史感。博物馆、历史人物的介绍网站等都可以参考它的创作方式。

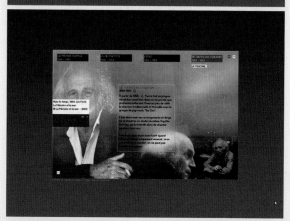

爱因斯坦博物馆网站

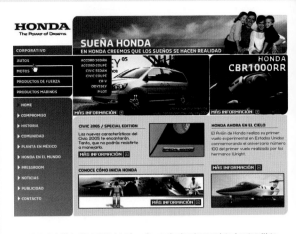

时尚

时尚包含所有颜色。

尽管"时尚"是我们常挂在嘴边的词语，其含义却并非像我们想像中的那么简单。不少委托方都会希望你把他们的网站设计得新潮点，但这却不是要你把时尚放在第一位。他们的想法其实是希望网站能够与众不同，超越同行业的其他网站，并表现出卓越的创新感。这就要把新的色彩融合到行业色彩之中，但创作尺度一定要掌握好。脱离了行业特色，委托方未必会欣赏。

图例中的Honda网站，使用蓝灰色铺垫了页面大部分信息格局，唯独娇艳的红色跟随鼠标出现在导航条上。这个反差效果能够形成强烈的个性特征，可以形成独特的感受。

关于时尚感的创作是值得深究的，同时也必须与实际情况紧密结合起来，脱离了案例的条件背景，凭理论得到的"时尚"或许并不时尚。也就是说：娱乐网站和服装网站的流行文化存在差异，房地产网站所包含的时尚概念与女性网站也会存在差异。在推崇回归自然的那几年，自然的色彩就是时尚的色彩，而迷彩服的推行也给时尚增添了一味深绿的气息。由于它的不确定性，本书没有

健康

随着保健品、食品网站增多后，"健康"变成了网站选择色彩搭配时的重要切入点。健康代表很多东西：喜悦和欢快，绿色和丰收，干净、整洁与卫生，温暖和阳光等。所以绿色和橙色可作为这类网站的主色调，一个代表环保，一个代表阳光。主要配色为黄色，代表了欢快的情绪。次要配色可任选颜色，在使画面统一的条件下，尽量保持色彩的高纯度。色环空缺位置代表白色，白色可作页面的背景色，产生干净、整洁、有条理的感觉。

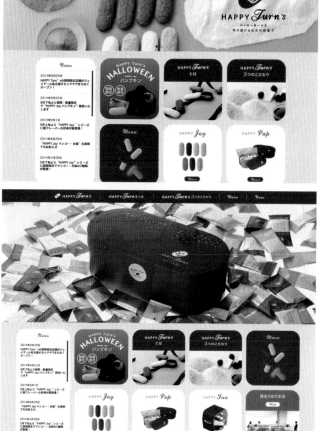

http://www.aquaceutic.pl/

http://www.happyturn.com/happyturns/

ttp://tinyurl.com/2evn782

幼儿

　　"幼儿"与"健康"很相似，都需要尽量使色彩的纯度偏高一些。幼儿网站的色彩还要更加丰富一些，不论选择多少种颜色，都可以不分主次关系，在页面与页面之间反复变化面积最大的色块。

　　此外，给父母看的幼儿产品类网站相对理智一些，而真正给孩子看的幼儿网站则更活泼。如ybmkids.com，是在家长的带领下，小孩子们自己来观看网站，页面间的颜色变化很大。而幼儿园网站则要温和一些，因为这是家长阅读的网站，网站颜色柔和一些，亲和力强。也可以多多考虑女性浏览者的心理需求。

孩子看的网站，色彩大胆。

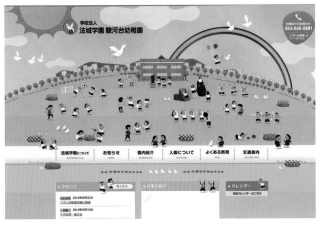

家长看的网站，温和很多。

浪漫的
浪漫色调是由淡粉色和白色的微妙组成的，轻柔温和，有点幻想色彩和童话般的氛围。

娇美的
娇美色调比浪漫色调略微鲜艳一些，天真可爱，甜美而有生气，由浅色、粉色构成，以暖色系为主。

轻快的
轻快色调也是以暖色系为中心，色相配色的倾向较明显，因而鲜明、开放、轻松、自由，节奏感比较强。

动感的
动感色调由鲜、强色调的暖色色彩为主配成，是典型的色相配色，形成生动、鲜明、强烈的色彩感觉。

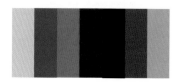

优雅的
优雅色调是以浊色为中心的稳重色调。配色细腻，对比度差形成女性化的优雅气氛。

人文的，寺院网站。

http://www.hensslerhenssler.de/
商业和高雅结合在一起，餐馆网站。

http://www.alts.co.jp/
时尚的，滑雪场网站。

华丽的
华丽色调是由强色调和深色调为主的配色，形成浓重、充实的感觉，是艳丽、豪华的色调。

自然的
自然色调是以黄、绿色相为主构成的配色，有时候加上少量深颜色。稳重而柔和，是朴素的自然情调。

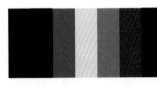
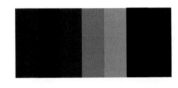

古典的
古典色调是由浊色为中心构成的，以深暖色居多，沉着坚实，富有人情味而带点土气，是传统的深色调。

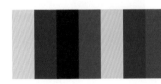

时尚的
时髦色调是界于优雅色调与潇洒色调之间而偏一点点冷的色调。以浊色为主，显示出高品位的典雅格调。

潇洒的（男士的）
潇洒色调是以暗的冷色为主加上少量对比色构成，有安定厚重的感觉。是富有格调的男性情调。

http://www.1238h.com/
红色与餐饮在一起，象征了健康。

活泼的，用插图表达幽默活泼的气质。

雅致的，清新的。

健康的，安全的。

清爽的

清爽色调是以白色和明清色的冷色为主构成的，清澈爽朗，具有单纯而干净的感觉。如果配上一偏暖色调作为突出色彩，就会形成明快的色调。

清爽的。

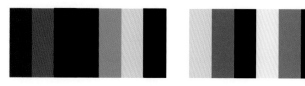

现代的

现代色调是硬而冷的色调，具有技术性，功能性的理智形象。有时用暖色调节增加变化。

TIP：关于色彩创作成长阶段的参考

我们的视觉世界是由光构成出来的，光反射到眼睛里就形成了色彩。色彩作为设计的基础，对所有艺术形式都有很大的帮助和影响力。如果一个设计者的色彩能力较弱的话，其他方面也会受限。

色彩设计的思考过程是进行合理的选色的过程，把选出的颜色合理地运用到作品之中，使其发挥应当发挥的作用，传递符合我们需要的信息，不仅仅达到赏心悦目，还可以让人过目不忘。年轻的设计师们可能无法一下就控制好色彩的方方面面。

本书给初学者提供以下几个建议。

第一阶段：重点放在视觉上，做到赏心悦目。

初学色彩设计，作品只需要满足"赏心悦目"就可以了。直白地说，就是"挺好看的"，"不丑"。配色不见得很出奇，但是与设计形式结合得合理得当，视觉感受尚可。

第二阶段：重点放在提高细腻度上。

最初很多学习者不敢使用过多的颜色，但是到了第二阶段，应该是更加大胆地用色，使画面多一些丰富的基础，然后再做减法。如果用色本身就过于单调，再想修正就比较难了。

第三阶段：传播一定的文化信息。

到了这个阶段，就不能满足于作品只是精美、舒适了，更要进一步理解色彩背后的文化内涵。最开始的时候，还是隔雾看花，摸不着头脑，只能根据所谓的色彩心理学知识，捕风捉影。但只要有这个意识，并且能够自圆其说，就已经是上了一个台阶。

第四阶段：准确传播文化内涵。

想要很清晰地理解色彩与文化之间的关系，就要远远站在高于设计师的角度。色彩与营销、色彩与传播、色彩与制造业有着怎样的联系呢？这不是一个很小的课题，设计者对主题的认知有多深，就有多少解决色彩问题的能力。

这四个台阶是从感性色彩设计进入理性色彩设计的过程。越后面，设计师的分析能力、总结能力、判断能力、理解能力就越强，设计师对色彩的把控力也就越高。

最后阶段：视觉盛宴，过目不忘。

等色彩控制能力积累到一定阶段，你的设计就需要达到让人"过目不忘"的水平了。也就是要求配色有特点，有创新，不仅仅是美观大方，而且要不落俗套。画面有观点，有内涵，色彩需要配合其他元素来完成更高意义的信息传达。此时，不是社会群体的色彩审美引导设计师，而是设计精英和先驱者来引导社会群体的色彩审美！

真的是"视觉疲劳"么？

曾有个委托方是一家坐落在岛屿城市的大企业。其代表第一次与笔者沟通网站建设时，便要讨论网站要用什么颜色。他说：我们企业名称有个"海"字，又是靠渔业为生，而且公司距离大海也不过十几分钟的路程，肯定得用蓝色吧？但是我们这边的企业，都用蓝色做网站啊。不管怎样我们还是要用蓝色，但是会不会造成视觉疲劳呢？

我们可以这样回答：即便同样使用蓝色，也不会造成视觉疲劳的。作为主色的蓝色的确很重要，但是配色和页面风格设计更重要。

即便大家都是蓝色，依旧有的网站很快被遗忘，而有的被深刻记忆。蓝色本身并没有问题，遇到这种情况可以从主色与辅色的选取上入手。

既然蓝色的网站那么多，我们就以蓝色为例。

普通人所说的"蓝"涵盖的范围是很广泛的。湖蓝、天蓝、深蓝、蓝绿，都是蓝色。但是这些蓝所形成的情感差异却很大，给人留下的印象也是截然不同的。

从三个网站图例中，我们欣赏到了不同风貌的蓝色。天蓝刺眼而浮躁，却也散发出夏天的气息和青春的欢快，非常适合运用在时尚感强的网站中，还可以有效地突出网站的个性特征。蓝灰是沉稳与智慧、专业与精细的代表，适合的网站类型非常多，甚至包含了教育与学术行业，由于色彩比较暗，可以用红色、橙色、绿色、黄色等色彩与其搭配实用。深海蓝，神秘的风采十分迷人，还有一种辽阔的空间感，配合有特色的插图，很容易被记忆。

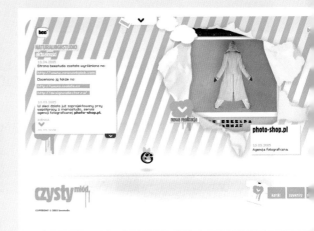

天蓝 beestudio.pl

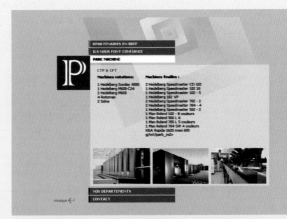

蓝灰 rpartenaires–groupe.fr

深蓝 cressi.it

（1）

（2）

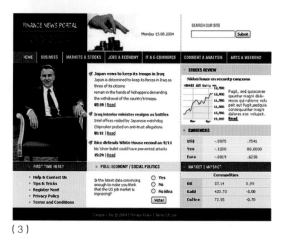

（3）

从辅色入手，也可以使同一主色调的页面产生变化。例如下两图中的模板页面图（1）、（2），给人留下十分相似的印象。而更改图（1）中的辅助色，肉色->绿色，更改后的图（3）与图（2）的相似性就减弱了。

如果认为这样做还不够，还想要更大距离的拉开两个页面的相似度。则可以从版式设计、其他色彩、页面插图等角度入手，即便同样以红色为主色调，也会创造出不一样的页面来。

页面视觉不只有色彩一项，单一色彩一样不能决定一切。色彩之间的协调和统一，色彩与页面排版、信息、插图等元素的结合与延伸，对页面创作更为重要。

色彩是我们日常文化生活的一部分。电影里伸手不见五指的情节会使观看的人心情紧张，但具体是害怕的感觉还是好奇的感觉呢？必须根据具体的电影情节加以判断。尽管在通常情况下，看到金（黄）色会联想到贵重和高雅，可偶尔也会觉得黄色代表粪便和不干净的物品。也就是说，即便同样以蓝色为主色调，我们也不会认为所有蓝色的网站都是一样的。

纯色是抽象的，只有给它下了定义你才会确定它的表达意思。蓝色的主页上出现天空的插图，你会觉得页面上的蓝色是天空的蓝色，辽阔而大气。蓝色的主页上出现大海的插图，你会觉得页面上的蓝色是大海的蓝色，深邃而迷人。插图可以帮助人们认识和理解色彩，一些用颜色表达不出的情感内涵，可以运用插图来补充。

色彩体系非常庞大，本书不做细致探讨。

6.5 思考与练习

思考题

1. 色彩的色相有哪些? 请用自然界常见的事物来表达。

参考资料:

色相就是不同的颜色。这是众所周知的事,你喜欢蓝色,我喜欢黄色之类的。但是细问起来,是哪一种蓝色啊? 是哪一种黄色呢? 色相只能表达出大方向,如红、橙、黄、蓝、绿、紫、黑、白、灰这几种。然而,它们构建了丰富多彩的世界。由于自然界中有很多常见物体,因而每种色相都有它的代名词。

红——过年;橙——太阳;蓝——大海;白——下雪;黑——深夜;绿——树林……

2. 尝试自己绘制出20组以上的双色组合,并为他们表述色彩情感和用途。

 梁景红谈:所谓跨界的职业发展过程

课程网址:http://blog.sina.com.cn/s/blog_6056b9480102va0h.html

第7章

创意风格与设计

　　网页设计行业发展至今，已经形成了独立的体系。网站数目增多，网站规模增大，竞争加剧了，网站的立意需要创新。信息结构复杂化，提升了页面排版的难度。为了确保让浏览者接收到有效的信息，页面形式设计需要更加贴切地符合建设者的要求和信息内容的要求。

　　页面的视觉效果及情感表达也是竞争手段之一。精美、适宜的网站页面，不仅能给浏览者创造优良的阅读环境。更为重要的是：网站作为文化传播的窗口，释放出来的文化特征、品味、格调，均是对表达网站主旨有利的补充。

　　在熟悉了网站设计的目标、网站承载的内容以及页面形式与元素之后，本章重点在于如何运用好这几个模块，进行具有创意思维的网站风格设计。

学习目标
- 认识创意思维对网站设计的帮助
- 学习风格设计的思路及参考
- 插画的表现力
- 灵感的获取与设计创新表达

7.1 学习创意思维对网页设计的意义

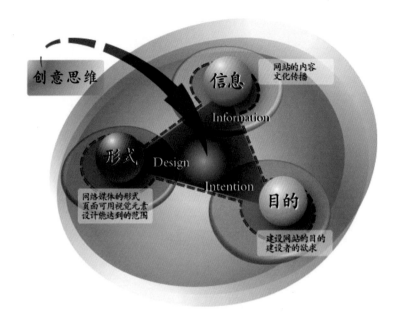

　　如果只是讨论网站网页的形式设计，那将简单许多。要知道，想要生成一个网页，可以有几十种方法。然而网站（网页）设计属于功能性设计，重点在于了解作品的用途。设计师不能只站在视觉设计的单一角度上，那会使作品失去风标，趋向形式化。形式化的网站，不外乎采用"一模一样"的版式装载信息，页面粗糙而缺失了情感，甚者传播错误的文化概念。

　　假设以目的、信息、形式为三个原点，分别勾画出一个范围，当你从建设者那里取得建站需求后，走向信息内容的一端，必须经过交叉的范围；当你从网站内容，走向页

面形式设计的一端，也必须要经过交叉的范围，这就是此图的用意。

　　设计师应该站在目的、信息、形式三点交叉的位置上，发挥联想与分析能力，将网站意图与页面设计摆放平衡，这个过程也就是创意构思的过程。

　　初学者想必常常感叹，优秀的作品到底是如何构想出来的？怎样才能寻得学习的捷径？走上岗位，也常有人懊恼，为何自己设计不出令人心动的作品？好奇经验丰富的设计师是怎样挖掘灵感的？这一切似乎都是困扰我们的事情。

　　灵感的点燃只在一瞬之间。

创作好比是在人脑的多维立体空间里寻找那片发光的晶体，为了能够尽快找到它，我们需要事先有个方向。

一件创意独特的作品，来源于创作者在认识事物时有了全新的视点。对事物全新的理解方式将使人们习以为常的事物拥有全新的内涵，这之后才会拥有新颖的切入角度，以及创造独特的表现方式。

拿一个苹果举例，在水果贩的眼里，可能只是价值多少钱，在小孩子们的眼里，意味着美味和口水，但在设计师眼里，可能是任何东西：一辆苹果外形的小汽车，车顶还有苹果把形状的天线；打开门，苹果里有一个蒙太奇的天堂；苹果张开嘴巴，漏出镶满了黄金的假牙；巨大无比的苹果，这是一辆太空船；苹果星球，上面同样建满大厦……

当我们把思维从一点引向发散，似乎非常容易发现新事物。

从多个视角审视事物，以联想为先导，寻找相距遥远的事物之间的联系。并通过分析、选择最具新意的表现角度、方式、方法。

图片来自网络

　　倾斜效果在网页上并不能说十分少见，尤其某些设计师们喜欢在网页的局部处理上采用倾斜的设计。但如ua-tech.com这般，完全采用倾斜效果的方式比较少见，这也体现出了ua-tech.com的独特魅力。ua-tech.com设计师不过是将一个"切入点"，铺开为一个"面"，使细节的魅力扩大到整体，使整个网站被局部的魅力所感染。

　　下列这些页面来自2001~2002年的个人网站：

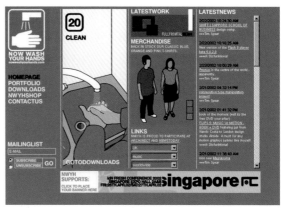

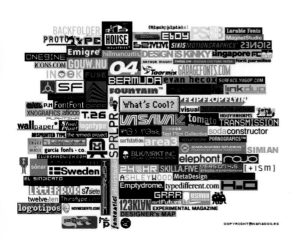

COPYRIGHT@wanadoo.es

由于是个人主页，其设计形式自由，用色、格局均不在传统之列。似乎凡是能想到的，就会被搬到网页上。内容五花八门的个人主页，尤其是那些优秀的设计师主页，给互联网增添了丰富的艺术欣赏性和趣味性，无疑是一道绚丽的风景线。若被商企业人士看到，也许会觉得没有什么"价值"，因为商业运作需要更加贴近大众的"传统设计"。

不论是平面印刷品还是影视多媒体，因经济条件的限制，几乎都用于商业上，设计创作束缚于委托方的需求之中，以致一些新奇的形式和优秀的想法较难运用到商业设计上。然而，网络载体能够提供给有才华的创作者们更宽广的平台，任设计师抛开委托方，主宰创作，因此个人主页才能呈现出那么多独特的东西。更重要的是，建立网站相当便利，人们可以主动地寻找和观赏它们，这无疑加强了传播的广度和力度，影响着大众的审美标准。

网页美术对传统设计产生了一定的冲击，商业网站的设计自然会受到来自个人主页创作风格和视觉试验网站设计的影响，致使网页美术发展迅猛。或许在将来，网页视觉设计能够成为传播设计的领头羊。

网页形式的丰富，不代表能够为所欲为。信息内容的文化特点和建设者的目的性，是决定网站形式设计的关键。

（首页）

Burton.com

Burton.com有着个人主页似的奔放与自由，实际上它是一个商业网站，主要产品是运动服饰及装备。其首页是把企业的5个注册标志并列放置，很有特色。

体育精神一直以来都是全人类追求的永恒主题，而近几年，体育运动不单是为了健身，滑板、帆船、跳伞、网球、骑马、瑜伽、攀岩、沙滩排球、山地自行车……融合于生活之中，它们更是一种时尚生活的象征，充满了活力、健康的文化魅力。很多生产运动服饰及装备的企业（如Nike），他们的品牌理念就是把时尚文化融合在体育文化之中，并采用了"时尚、美感、活力、生命"等文化元素作为基础理念。这种文化特色是决定网站设计的关键所在。

如同Burton.com一样，页面没有采用统

（栏目首页）

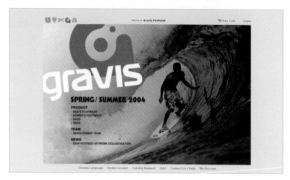

（Gravis栏目内页）

一的版式，突破了传统信息格局的束缚，给人一种自由、前卫、时尚、健康的感觉。插图的选择也体现出企业的文化追求，色彩艳丽、画面精致。清晰度非常高的产品照片使鞋子看起来如此真实。网站用色与插图修饰双双突出个性色彩，人物和场景的选取带有一丝回归自然的魅力。

再看一例：

Sanemeterio.com

San Emeterio 是一家红酒制造企业，网站主要突出两个方面：一是网站品牌文化的确立和推广，二是企业的产品行销及酒文化传播。就这两个方面来说，San Emeterio 在网站形式的表现上是积极的。Flash技术生成的页面没有明显的格局概念，动态效果可以完美地使画面拉动，变更框架，使页面看起来十分灵活。深紫色象征着葡萄，也代表高雅，十分符合红酒的文化特点和消费群体的品位。深紫配合嫩黄，在高雅中窥得一处"鲜明与轻快"，加强画面色彩的对比关系，使以嫩黄色为背景的酒产品更加醒目。

产品陈列页面要如何设计，才能把页面形式与产品特色结合起来呢？在这方面，San Emeterio有其独特的阐释。单击首页中的任何一款酒，画面就会向上拉动（Flash技术），上部信息区消失，仅留下标志和导航。产品的详细页面展现成类似吧台的效果，可更换不同的酒。这时，整个页面也更换成以嫩黄为主色调的效果，画面亮丽起来。

San Emeterio把照片处理得十分真实，品尝不同的酒，配有专用的杯子，形成了极具特色的酒文化。不论是Burton，还是San

梁景红谈：灵感的收集和管理

课程网址：http://blog.sina.com.cn/s/blog_6056b9480102va1n.html

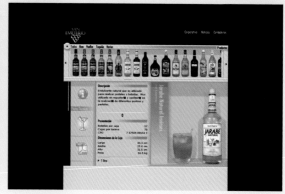

Emeterio，页面形式与信息特点完美结合、
创作重心遵循建设者的"意图"才能证明设
计是成功的。而本部分将重点探讨网站网页
能够承载的主要设计形式。

7.2 插图表现力

　　在前文中，我们按照种类把信息划分
成文字、图片、动画、音乐。换个思路，对
于网页视觉设计而言，页面上的信息只有两
种：一是主体信息，二是美化信息。优秀的
设计师，懂得如何利用主体信息进行创作。
而最为死板的形式，莫过于把主体信息和美
化信息的作用完全分开。

　　主体信息，在形式上多数以文字为主。

图片资料多的网站也会以照片为主。假设是
一家媒体制作公司，多媒体产品很有可能成
为网站的主体信息。反观美化信息，作为美
化页面、页面修饰、传达情感用途的图形图
像、装饰设计、动画等内容，可以统称为插
图。虽然关于插图设计的知识要点很多，但
在其他章节已经通过实例谈及不少零碎的知
识。本节中，将重点探讨如何营造空间感以
及让插图传达准确的内涵。

光与影——空间感！

曾经想到一个很有意思的论题：网页有正反面吗？

在浏览器窗口里阅读文字，我们的感受就如同在静止的平面上阅读一样。如果想要阅读纸张的反面，设计师首先需要制造一个立体空间。

以白纸为例，我们为白纸制造空间效果的方式是多种多样的。不论是给纸张加上阴影，或是使纸张凸凹起来，还是把反面翻上来，都可以使人感受到立体感。

如果浏览者感受到网页平面是浮起的，也就有了翻动、移动的欲望。比起静止的页面，立体空间能够带给我们更丰富的视觉感受和冲击力。

对比两个网站，平面效果的Potipoti.com与立体效果的web.burza.hr。立体效果的页面可以给浏览者带来强烈的视觉感受，这就好像一下子"抓住"了浏览者。

Web.burza.hr运用多种手段制造空间感，如色彩的落差（颜色深会有远距离感，颜色浅会有近距离感）、立体的机器人（自身是立体的）、字体的倒影（利用镜面表述空间）等。不论是什么方式，其核心思想都是为了给物体增加"光源"和"影子"。

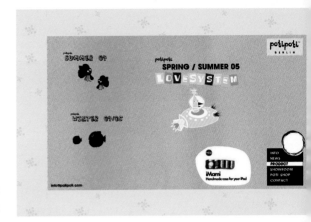

www.potipoti.com
平面的

web.burza.hr
带阴影的

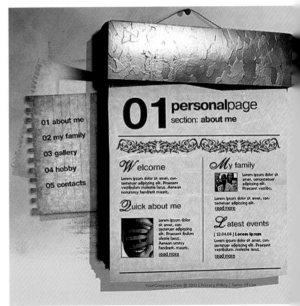

日历风格，更加立体

让"便条"翘起，操作起来十分简单。但它的作用却能让页面瞬间精致起来，也使平板的画面增加了起伏感。当你缺乏创作灵感时，可以尝试给网页增加光源和影子，在这个过程中也许能够帮你翻开网页的"背面"，看到另一番面貌！

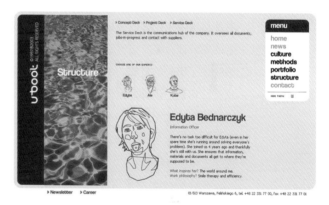

插图的文化内涵与传达

尽管只是作为美化信息，但插图的存在并非是可有可无的。

一方面它可以帮助浏览者理解和认识色彩。另一方面有利于建立轻松愉悦的阅读环境，营造亲和力的页面。除此以外，插图的内涵与网站传达出的文化内涵相符合，这将帮助委托方表达某些只能意会而无法言传的信息。

从页面创作的角度，文字少的页面较难展开创作。不仅需要增加一定量的插图和动画填补多余的空间，还要谨慎处理文字与插图之间的关联性。如果浏览者被插图吸引了全部的注意力，将有碍于传达文字信息。

Brainshop网站就属于文字少的类型。在准确且适度的选择插图、编制动画方面，它做得很好，美化信息可帮助主体信息表达统一内涵。

主页的淡黄背景可增加画面的亲和力，桔红使网站形象醒目，可加深记忆。蓝色表现在静态插图中，不论是天空、朝霞还是大

Mannella–design.de

海都可以带来无限的想象空间，它们把浏览者的视野放大了，仿佛让人在精致的空间里感受到了窗外的气魄。由于不少栏目的内容只有几句话，设计师为他们创作了动画。动画风格的简洁和巧妙，都能使浏览者感受到设计师的智慧与和创造力，并为网站增添了趣味、知性和文化厚度。

在介绍公司主要人物的页面里，我们看到了一些用线条勾画出轮廓的人物头像，它表现出Brainshop企业的与众不同，也使页面显得格外有个性。插图与动画设计使Brainshop变得丰富而别致，也扭转了因文字信息过少而带来的排版问题。

此外，对于现今网络上的艺术类站点来说，插图既是美化信息也是主体信息。

如同Mannella-design.网站，可以让人欣赏到一个奇异的世界。长着女面的鹿，鼻子上有嘴巴的大象，表演手风琴的虎面四足动物等，窗口被华丽的插图所充满，不禁让人为这些创作而感叹。

梁景红谈：一个网页项目的基本思路与创作过程

课程网址：http://blog.sina.com.cn/s/blog_6056b9480102va1r.html

7.3 风格设计

风格〔Flavor or Style〕，是指在艺术上独特的格调，或某一时期流行的一种艺术形式。就网站的风格设计而言，它是汇聚页面视觉元素的统一外观，用于传递文化信息。不仅帮助浏览者记忆和读解网站，也帮助网站树立别具一格的形象。

曾有个初学者拿着她的作品来咨询，她制作出的网站是用不同的模板里摘过来的导航、按钮、格局等元素拼凑而成的。这样的作品实在难以提及"独特性"和网站风格。于是，她问了所有初学者关注的问题：如何才能学好网站风格设计呢？

这是个没有标准答案的题目，条条大路通罗马。首先要做到的是让页面上的每个元素必须为了同一个目标而努力。如果每个元素都要争奇斗艳，那就无法形成和谐统一的外观了。拼凑而成的作品，并非说它的导航或是按钮设计得不好，而可能是因为导航和按钮的格调不同，或插图与格局不匹配，这样的网站是无法形成独特风格的。

了解风格创作是一个抽象的事情，我们先以Wallpaper杂志（wallpaper.com）和Web esteem杂志（art.webesteem.pl）的网站为例，看看从中能得到些什么启示。

www.wallpaper.com

Wallpaper*很简洁。格局的划分，通过信息的排列自然形成。导航是纯文字的，页面上没有一丝一毫多余的装饰元素。

Wallpaper*很开阔。明朗又大气。画面以边沿为界限，背景为白色。色彩少，插图色彩丰富而有内容。广告条是纯黑色的，标志也很大气。

Wallpaper*很自由。栏与栏（格局）的划分宽窄不固定，根据每页的信息特点，在有秩序的条件下，不断做着局部调整。插图

不描边，文字排版没有边框的局限，一切看起来都十分自然。

Wallpaper*很整齐。当出现插图多的页面时，一定会有一幅大的插图为主图，而其他插图面积较小，看起来十分有序。字体变化帮助观者轻松的查找重点信息，使阅读轻松且舒适。

Wallpaper*富有现代主义的简约风格，简洁、自由是这个网站的主要特点。给观者一种高档次、高层次的感受，也很符合Wallpaper*这本杂志的文化内涵。

art.webesteem.pl

反观与Wallpaper*相貌、内容皆相似的webesteem艺术与设计在线杂志网站。Webesteem多了装饰，湖蓝色块与大红色块出现的频率很高。

Webesteem多了插图，缩略图很多，面积差别不大，每个都很夺目。Webesteem

多了框子，在区域与区域的界限之间，用淡色的边框把信息圈起来。色彩已经非常淡，可还是能够让人感受到这种界限。Webesteem的插图广告过多，而略显得繁琐了。不过因为页面很长，插图及装饰不会同时出现在一屏内，缓解了信息拥挤和结构繁琐的感觉。在浏览器里欣赏webesteem，效果同样非常好，只是无法用一两句语言概括出它的风格。在这一点上，它确实不如

Wallpaper*具有鲜明的气质。

　　特征鲜明、传达信息准确，是成就网站风格的关键。设计出一个得体的网站作品应该不难，但想要形成别具一格和过目不忘的网站风格却不容易。对于那些信息量大的网站类型来说，页面格局以及格局的风格对网站风格具有直接的影响，如Wallpaper*与Webesteem。而对信息量小的网站类型来说，网站风格的成因可以通过时间来判断。当你浏览完网站并相隔一段时间后，还能对网站中的某个环节保有深刻印象，这部分的视觉元素就是网站风格的秉持点。也许你无法用十分明确的语言形容网站的风貌，但却可以提出一两个视觉元素作为描述的代表。例如：它的导航很有特色、我喜欢它的装饰线、这个三维效果的Flash动画制作起来一定

很难……

　　看一例信息量小的网站Modul。页面顶部的主导航，按钮项目很长，颇有几分特色。开阔的插图，随页面更换，每次替换，都将稍许改变页面的气氛。下部的主信息区为二栏式，小导航占居左栏，正文放在右栏。页面点缀不多，铺色面积不大。而背景色的作用在于使页面看起来十分温和，很有亲和力。

Modul.no

　　格局（国字型结构）、导航（很占空间）、插图（很大）的设计方式都是为了缓解信息量少的窘迫。想一下，离开这个网站，你还能记得什么？两周后，当你想起这个网站，你最先想起来的是它的哪个部分？这个给你留下最深刻印象的环节，正是网站展开风格创作的线索和成因。

7.4 统一外观与风格创作的审美

网站风格设计，或者说网站设计的创意思维的开展，是要依靠丰富的审美经验和扎实的实践基础的。对初学网页设计的人来说，难度比较大。只有当你对页面各个环节都有相当高的熟练度，并能阐释出自己的见解时，才能顺畅地进行构思和创作。

有些人可能认为，所谓风格不就是弄点特殊的东西来么，使自己的网页和别人的不同。这样想很片面，一来视觉设计的"独特性"只是网站设计的一部分，二来文化信息传达的准确性也是非常重要的。既要构思出有别于其他网站的作品，也不能是无根据的、一味地寻求特殊。必须在符合网站内容和建设目的的条件下寻找突破点。

如果从形成统一外观的角度考虑，风格设计还是有些技巧可以学习的，反复、减弱是创作的两大重点技巧。

重复、替换、调整：统一的过程

大多数读者应该拥有网页设计的经验吧。不论是谁，构思时都要从某一页面开始，而这个页面十有八九是网站的主页。一旦确定了主页的样式，就要把它运用到网站中的其他页面上。这个过程就是重复、替换、调整的过程。

以KTF为例，我们观察一下构思的过程与形成统一外观的过程。

(网站首页)

www.ktf.co.kr

(左起第一个栏目 GOOD KTF)

先拿网站首页与（左起第一个栏目 GOOD KTF）栏目首页比较，顶部与底部是完全相同的。前三个导航为特殊栏目，在颜色上以示区别。信息和插图的位置也相同，只是根据信息内容的变化进行了稍许调整。背景插图的风景也是一致的，这是为了体现出冬季。

再来看看不同之处是如何调整的。

Index Page的主色调为雪天，信息内容不多，背景稍微暗一点也没有关系。但对Good KTF栏目来说，信息比较多，格局就应当做些调整，同时弱化背景，这是为了阅读舒适、预防画面凌乱而考虑到的。Good KTF的格局是倾斜的，这是因为导航有略微倾斜的效果，格局延续了这个构思。页面的主色与导航颜色一致，与Index Page的区别比较大。

（第二个栏目GOOD SERVICE）

(第三个栏目 GOOD BRAND)

再拿其他两个栏目页面比较，这次我们看到了惊人的相似面貌，这种重复的过程加深了浏览者对网站形象的记忆，也就是使网站形象变得鲜明的过程。

如果说统一使网站形象从抽象变得具象，那么调整是为了让网站看起来更加丰富。假设从主页到栏目页，再到一般内页，全部是一种格局，毫无变化，这会像是偷工减料了一样，给浏览者一种不被重视的感觉。所以说，页面在统一中不断寻找变化是对浏览者的一种尊重和工作态度认真的表现。

2004年秋版主页

2005年春版主页

对比秋季版与春季版主页，在风格上是继承的，在文化上也是相似的，传达了相同的信息，却可以不断带给浏览者新鲜感。

类似KTF的网站构思在本书所列举的实例中比较常见，本节就不一一讲解了。

减弱：强调和弱化

什么是减弱，以及为什么要减弱呢？

如果你想要突出页面或网站的某一特征，想去强调它的意图，就要通过弱化其他元素来实现。

看一下ELLE的页面，条理分明，十分清爽。网站的特色在于红色的标志与时尚的风格。当你看到这个作品时，你会深深地记住它的标志，这一点"红色"非常吸引人。为了能够形成统一的外观，很多作品选用标志色彩作为网站的主色调，这样容易使画面和谐一致。但ELLE没有这样做，如果页面到处都是大面积的红色，标志也就无法吸引人了。

进入内页，导航出现了一点"黑色"，黑色与红色开始了较量。这就是为什么要突

出某一个特征时，不是使它孤立，就是要减弱其他元素的原因。主角只能有一个，有了主角，网站形象就会鲜明起来。都是主角，一下子就失去了特色。不过，由于浏览者是从主页进入内页的，主页的红色已经给他们留下了深刻的印象，所以红色仍然具有识别特性。

在创作时，我们一定会为了拥有多个Idea而雀喜，割舍是这个时候必须要做的事情。如果把所有的Good Idea都表现在一个作品中，往往会得不偿失。风格创作就好像是你在导演的人偶剧，页面元素们谁要做这场戏的主角，而谁是起烘托作用的绿叶，通通都要由你来调配。观众们只能记住一个特征，并以这个特征来评价网站。每个环节都特殊，那将失去创作的方向感，减弱是必须铭记在心的审美技巧。

7.5 风格设计的思路及参考

如果告诉你，风格设计没有教课书可看的，或许一部分未曾打开思路的读者会更加摸不着头脑。为此，本节将从优秀的作品中总结出来几个要点，可以作为创作时的参考。但想要真正适应创作思维，只有多多进行创作，使自己可以随时随地摄取灵感，才能真正进步。

特征扩大化

网站上的任何元素都能对风格创作产生影响。前提是，这种元素本身极富特色。

例如金属风格和像素风格的作品，以及图例中的黏土风格。

类似黏土的网站非常少见，它的精美和童趣使人流连忘返。黏土是框架的风格，但又由于带有过于强烈的个性化魅力，使得网站风格也由此产生。此外，框架内放不了太多信息，适合的网站类型也就不多。

同样的例子还有著名的包装盒风格：Musikkbiblioteket.no。包装盒风格的网站，网络上已有4、5款，但却没有哪个能像Musikkbiblioteket这般把信息量和框架融合得那么合理。其实黏土与包装盒这两种网站都属于框架风格过于特殊的类型，当这个特征扩大到一定程度时，就带动了网站。如果你也打算用黏土或包装盒风格，就必须比它们设计得更有特色，否则不是变成抄袭，就是变得平庸。

虽然这两款风格我们无法广泛延用，但它的中心思想是可以为我们所参照、借鉴的。在框架设计上寻找突破口，完全可以创造出崭新的风格。

如设计模板1，栏与区域之间通过粗粗的黑线钩边，这使页面变得棱角分明。幽浮在框架上的窗口也延用了这个样式，网站形象由此根植浏览者的记忆之中。

有的读者可能以为风格创作非常神秘，看过粗边棱角风格的网页作品，创作思路应该有所改变了。越是细小的、经常使用的元素，越容易吸引人们的注意。创意构思并不复杂或缥缈，从最普通、最常用的页面元素开始的，往往能得到很多有趣的灵感。

Giantstep就是这样一个以小见大而精彩的网站。当你在浏览器的窗口里打开它的页面时，会被深深地吸引。红颜色的结构装饰，以及"More键"的按钮风格成就了它。

红色代表热情，容易抓住记忆。渐变的方式为红色增添了变化，也等同于为页面增添了变化。按钮的特色表现在more键与标题（如：Forums）合为一体，并且倾斜的分割开来。当这些细节重复使用后，就会连成一张视觉的网，形成统一的、具有特色的外观。

把特征扩大化，也是"扩展VI、吉祥物""图形图像、动画的魅力"等风格构思的核心思想。不论是把标志和吉祥物提到创作上来，还是插图、文字或动画十分有特色，这些都将反映在人们对网站的风格评述中。你唯一要做的事情就是协调特色部分与一般部分的强弱关系，使他们能够和谐统一。

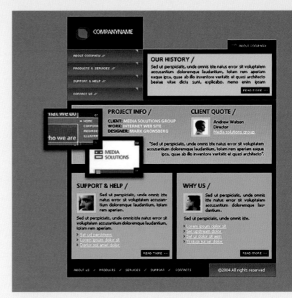

设计模板1

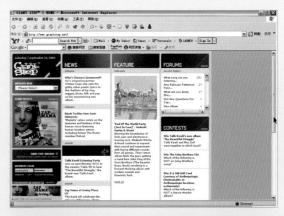

www.giantstep.net

扩展VI、吉祥物

VI又称为VIS，是英文Visual Identity System的缩写。其意是指将企业的一切可视事物进行统一的视觉识别表现和标准化、专有化。通过VI，将企业形象传达给社会公众。

吉祥物，也是VIS中一个特殊的单项，它在网络上的应用也非常多。

Auberge West Brome是一家西餐厅，位于加拿大。页面的格局十分简单，标志非常突出，插图也很清晰、真实。从网站的色韵中体现出高品位的感觉，并具有良好的亲和力。看起来如此简洁的页面，却能给我们这么多感受。除了留意排版设计的审美，我们还要注意到企业文化信息的传达，这是依靠页面上所有元素的和谐统一共同完成的。

牙齿先生的网站，除了形象人物之外，页面上几乎没有其他环节具有特色。但仅仅通过牙齿先生这一点，便可以把整个网站带动起来，给观者留下深刻的印象。

www.awb.ca

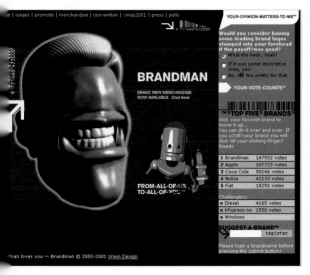

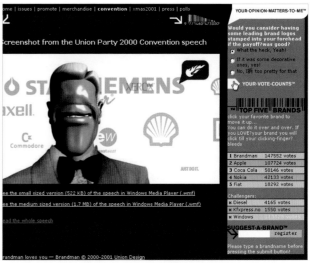

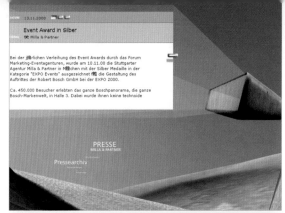

图形图像\动画的魅力

信息量大的网站想做出特色多数要在格局设计上寻找突破点，因为大量的信息占满页面，没有多余的空间能够用来进行图形图像与动画的创作。静态或动态的插图只能作为点缀，无法对网站风格产生极大的影响力。

而由图形图像或动画创作出与众不同的魅力是网络上最常见，也是最不易总结的一类，此类风格多数适用于信息量少的网站类型。

三维风格在网络上并不常见，这是因为网页设计师中会使用三维软件的群体很小。物以稀为贵，三维风格所体现出的软件应用程度、构思的巧妙程度都是难得一见的，所以深受人们的喜爱。从实用的角度看，此类风格应用的范围较小，如果能在虚拟现实的产品展示采用三维效果，应该是个相当不错的选择。

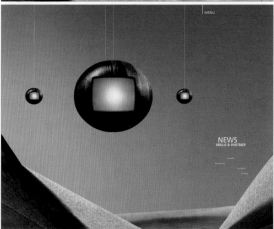

Milla.de

插图与色彩一直是一对形影不离的伙伴，插图使色彩便于读解，色彩使插图更加丰富。当插图的面积很大时，插图的风格就是网站的风格了，与此同时，插图中的色彩即是页面的主调。象W+K Tokyo LAB这样运用渐变色彩的网站不是很多，渐变色彩具有非凡的魅力，很容易被记忆，在调动画面的空间感和层次变化上也表现出卓越的才能。我们还可以从W+K Tokyo LAB体会到插图创作的魅力，并对明度高、冲突多的色彩搭配有了一个新的视点。

背景插图的魅力逐渐被设计师们所认知，它可以把浏览器变成一个真实的环境，就好想图例中的海底世界一样。但要注意两点：一是因为大背景上承载的多数都是国字型结构，不适合信息量大的网站类型。二是Flash实现会让画面更加精彩，同时将占用更多下载的时间。实际中要权衡利弊，看看是否值得这样做。

其实，采用Flash技术实现的网站已经非常多见。消耗的工作时间比较长，但也相对精美许多。他们几乎没有格局的概念，灵感多来自平面设计、海报、印刷品，或是生活当中的某些有趣的事情。最重要的是这种发散式思维的成品能够给人无限的想像空间，动画中还能带有无限的趣味性，调动浏览者的积极性，使他们参与其中。

www.wktokyolab.com

想要自己创作全Flash网站，只能从多看他人作品开始，多多积累自己的创作经验。不断提高软件的熟练程度，挑战一些需要极大耐心的制作项目，不下些功夫，是不可能成功构思的。

畅想主义

为什么有那么多奇奇怪怪的构思被实现成经典之作呢？

优秀的设计师是怎样进行创作的呢？

畅想是设计师的自我状态。你必须坚信任何东西都可以搬到页面上。

这一点非常重要，它代表了你的思维是全开的，你可以从生活、从出版物、从幻想中摄取灵感。你在任何时候都可以记录灵感。

当你得到了某个构思，而且十分坚定di打算把它实现时，你就会自发自觉地寻求解决的方法，不论是排版构图还是页面装饰。即便某个环节运用现有的技术手段无法实现，你也会努力地寻求其他弥补的手段和变通的方式，或者是提高自己的实用技术，来满足自己的创作欲望。

除此以外，提高自身的艺术修养更为重要。众所周知，艺术修养包括：进步的世界观和审美理想、深厚的文化素养、丰富的生活积累、超常的艺术思维活动能力、精湛的艺术技巧和表现才能。这五个方面的知识能力和素养，不仅仅依靠学习理论知识取得，更重要的是在日常生活中培养自己的观察能力、为人美德，正确的生活观和世界观，要能够认识美、读解美和阐释美。

你的阐释会通过作品表达出来。你是唯一的，想法是奇特的；那么作品也就是唯一的/奇特的。这就是优秀设计师的构想的由来，他们在告诉我们：他们所看到的物体，他们的观点以及与他们交流的方式。

7.6　灵感的获取与设计创新表达

设计制作有其精神性根源。

或许是一个简单的形象或许是一段文字资料或者是其他数据等，凡是能够产生灵感的信息，都可以被称为创作根源(Idea source)。简单而言，就是将自己的创意综合在一起，能够称为创作根据的东西，所以说，创作根源的范围十分广泛。可以是音乐、绘画、风景照片，甚至是一块颜色、一段对话、一种特殊体验。同样的信息资料，对某些人来说或许只是普通的存在而已，而对另一些人来说，可以称为灵感的源泉。

面对网页视觉的创作时，不少设计者习惯性地从其他网站上取得灵感，这种方式本身并没有什么不好。但长期依赖于此，或许会导致设计形式的重复出现、色彩组合毫无创新等情况，甚至是导致网站设计毫无建树及抄袭的情况出现的主要原因。

一般而言，创作根源也可以说是灵感的

具体载体，获取灵感的方式应该更加广泛。图书、绘画、平面广告、三维设计、工业与环境、人文科学……只有广泛的接触外界，才能永久地保持新鲜感与原创性。

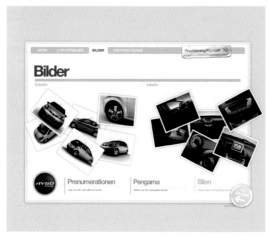

www.aygo.se

TOYOTA-AYGO汽车网站具有两个十分闪光的创意点。

其一是网站的广告动画。它是通过在影棚拍摄及三维合成的。场景设定在一个普通家庭的玄关处，广告传单从门缝中掉落在地板上，翻动广告页，从中跳出一对轮胎，滚向走廊。并在走廊上不断展开，成为一辆汽车。短短几秒钟的广告动画，仿佛在告诉观众：翻开广告，下一个订单，汽车就会送到您的家里。网站媒体很少见到在创意上如此用心的作品。

其二是购买汽车的电子订单页面。你可

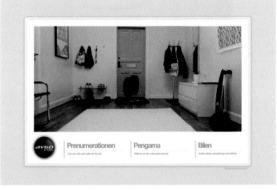

以根据自己的要求进行选配，页面的报价系统也会自动根据订单项目的选择与否而增减费用。直观、亲切，体现出创意者在页面设计与使用上，也下了许多功夫。

创意不是坐在电脑前凭空冒出来的。阅读、聊天，甚至是洗澡或看电视时，创意都有可能突然闪过脑海。这种灵光一闪的点子往往不会在我们的大脑中停留太久。一些

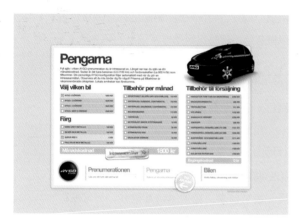

点子一次又一次冒出来，又一次一次被我们遗忘。要留住这些稍纵即逝的好点子，就应该把它们记录下来。通过笔，在纸上记录下时间、地点，特别要写下记录的目的，以防止时间一长，灵光一闪的创意目的被遗忘。在累积创意的过程中，不仅要训练自己对周遭事物的细心观察，更重要的是进行思维潜能培养。如果你自认不是一个有很多想法的人，也可以通过这个过程，逐渐培养自己的创作思维，进而促进形成自己的创作风格。

TIP: 设计是择优选择的结果

在大脑中灵光一闪的东西不一定可以应用于实际。首先必须从各种案例的讨论中确定它是否符合主题，之所以要这么做，是因为主题是别人确定的，从别人那里接受的主题就是别人委托的工作。仅仅是自己的理解，却不符合委托人的心意，这项工作就不算圆满。

对设计师来说，拿到一个主题之初是最痛苦的时候，因为要想出一个适合的创意不仅耗费时间，也耗费脑筋。每个人的工作方式不同，设计师通常选择的切入点也会不同。一旦寻找到合适的创意切入点，以后只要按照一定的步骤展开工作，作品就不难成形了。所以一个创意的出路将会耗去大量的

时间。设计者必须穷尽所学，想出尽可能多的创意雏形。

如果小说家是用文字思考的，那么设计师可以说是用图画进行思考。每一个优秀作品的诞生，都伴随着设计者对初稿进行不断的修改和加工。在反复的过程中，选择出最佳的方案。

创作一个作品时，同时有几个想法，哪个都想用，却不能同时用？或许每个方案的最终稿都很完美，但却只能存在一个完成稿。简而言之，既然设计的过程是择优选择的过程，也就意味着过程中将伴随着"舍弃"。设计不是简单就行，而是不能复杂。不要"贪心"把所有的好想法都用在一个作品上，画蛇添足岂不是更糟糕？

"最重要的"和"极限范围"

不少初学者反映，每当拿到一个新主题时，往往头脑里一片空白，完全不知如何展开创作。只好翻看他人网站，寻求灵感。久而久之，产生依赖，从"参考"变成"照搬"，更加妨碍锻炼自己的思维活动。

我们可以做这样的尝试，当你从委托方那里拿到一些关于新网站的信息时，

1. 首先要将最重要的东西挑选出来。

所谓重要的东西，可能是导航条（例如特殊设置两个导航等），可以是网站的气氛（例如委托方或许很在意的事情），可以是色彩（例如必须采用某一颜色之类的要求），或者是网站内容的资料（例如某条信息必须展示在网站上等）。确定了最重要的信息后，就以它们作为创作的基点，展开构想。

2. 根据重要的信息确定风格。

假设委托方最在意的是网站设计出来是否"大气"，那么首选就是栏式结构，尽可能不选择全包围的"国"字结构。假设委托方认为他们的某项产品是主打内容，那么这项产品一定要位于页面最显眼的位置或让产品广告贯穿整个网站所有页面。假如委托方喜欢活泼欢快的气氛，那么尽量采用纯度高的暖色调，红、黄为主，蓝、绿为辅将是一个不错的选择。诸如此类，一旦找到侧重点，并切入进去，很快就会设计出令自己和委托方都满意的作品了。

3. 获得灵感的方法之一：极限模式。

其实，每个设计者都自有一套寻找创意切入点的方法，初学者由于经验所限，还未形成自己的工作模式。如果在得到了关于"最重要的"信息后，还是觉得创作起来有一些难度，那么可以试着寻找"极限范围"。

例如我们要创作的页面上有一个标志、一个五个栏目的导航条、一个新闻区、一段文字信息。先把它们摆放到页面中去，接下来，分析一下这些内容中，最容易做出设计效果的是哪一个？

针对新闻区，你能做的处理就是放置10条或15条，差异很小。新闻区标签按钮也可以做装饰，但是已经是非常细小的环节了。

一段必须展示的问题，你可以修改字体，也可以放大字号或缩小字号，可以更改颜色。但这个变化也是比较细节和有限的。

我们还可以在空白的位置插入插图。通过插图来改变画面的气氛、情调、陈述方式和空间排版。但是由于插图不是重点信息，属于装饰信息，需要考虑准确性、适宜性、美观性、必要性等各个方面的因素。因此，选择插图、使用插图都有严格的讲究。

其实我们还可以在导航上下功夫。如果页面空间剩余太多。可以用倾斜的导航设计，或者是大大地扩大导航的面积。使其变得非常有特色。我们从导航为例来分析一下极限思维。

保持其他元素不变，让导航的面积放大到一个极限，可以得到一种设计风格。从最初的文字型导航转变为插图式导航，这种尝试给了页面一个崭新的生命。采用Flash技术，可以让导航"消失"，只有当鼠标点击时才能展开。导航面积极大化就是一种极限，让导航"消失"则是另一种极限。

如annkersen.com就是把导航变成一条线，当鼠标触击到"线"时，才能把导航显现出来。

重点不在于"极限点"的设计效果，而在于**尝试的过程**。尝试的过程中，你将挖

www.annkersen.com

掘出一些新的想法和视点，创作变得有趣起来。每个出现在画面中的元素都有一个极限的范围，范围中存在无数节点，再将元素的形态交错组合一起，那将能得到千百种效果。每一种或许都是具有独特魅力的，最终选择出**对委托方来说**的最佳方案。

　　同样是二分栏结构，SchumannCombo给人一种干净的感觉。而Animo-Fashion使人感到时尚的魅力。两个网站传达信息的方式都是十分直接而明确的，文化内涵中无任何杂质。无论是大量的留白与文字的整齐排

www.schumanncombo.com

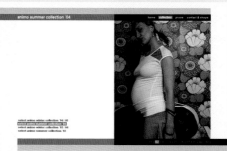

www.animo-fashion.de

列，还是简单的色条加上对分的格局，其作品风格仿佛展现出了置于某个"极限点"的魅力。

想要冲破传统，首先需要知道什么是传统

某天，笔者收到一个初学摄影的朋友的来电。朋友显得十分兴奋，说她可以和当地的摄影协会的成员一起出游，他们中不乏一些常在杂志发表作品的人。朋友看那些摄影前辈在哪里取景，她也会照着做。她提到，先拍一些保守而传统的作品，等自己的基础更加扎实以后，再去做一些自由的创作……

本节要讨论的是关于传统和创新的话题。从网页设计的行业发展来看，栏式设计较为传统且历史更长。信息资源丰富的门户网站，如新浪、搜狐、网易等仍然保持过去的样貌，他们的页面由于各种原因改动甚少。栏式结构简洁而直接，既大气又传统，一直是网页排版时选择的基础结构。

栏式结构中，三栏结构最有优势也最常用，把它定位为最传统的网页格局，一点也不为过。不论是初学者还是有经验的设计师，常常都是从这个地方开始的。

那到底要怎样才能冲破"传统"呢？看看下列三个网站是怎么做的。

首先是Designed To Help网站，十分明确的三栏结构。为了能够突出自己的风格，设计师除了在页面上部用了两条结构线外，其他地方均是采用自然划分的方式，也的确形成了独特的魅力。中栏放置的作品图片是网站最重要也最出彩的内容。设计师把它们放在页面中部也是页面设计之所以有特色的主要原因之一。右栏点睛之笔是天蓝和品红的小色块，以及背景为白色的文字装饰。完全不能小看这些细节设计，越是小的地方越能体现出设计师的细致用心。同时，不论多小，如果达到了一定的数量，其魅力也能影响整个网站。

点评的结果是，Designed To Help运用的是看似漫不经心的细节处理，突破了传统的局限，使作品变得不一般。

www.designedtohelp.com

网站xiti.com有五个导航项目，按照常规，一般的设计者一定会把五个导航项目排成一个导航条。然而，XITI的设计者出人意表的把五个导航分成两排，上排三个，下排两个。而空出的位置，就空放在那里。

Xiti.com的首页就已经展现出了这种奇妙的想法。设计者把五个导航项目及内容摘要用格子排放在首页，并没有力求对称，第六个格子里放置一些和导航无关的信息。内页的排版直接继承了首页的风格。而插图出现在左栏的最上部分，这个构想也相当意外。

简言之，Xiti.com通过不规则与不规律展现出他与众不同的魅力，也给无数采用三栏结构的商业类型的网站带来一个创新的思路。

最后是韩国网站Color Ahenna，该网站有趣的地方在于灵活的中栏和非常窄的左栏，以及标志的位置也很特殊。

不论是极具现代感的Designed To Help还是商业高效的Xiti.com，或者是浓郁色调的Color Ahenna，三个网站的创作思路均不同，但都在传统的三栏基础上寻找到了突破口，并延展出自己独特的风格。这是否能给你一些启示，帮助你从传统大众化的一端走向独创魅力的反传统一端呢？

www.xiti.com

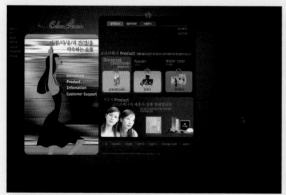

www.colorahenna.net

"大气"的营造

　　基本上，没有一家委托方会要求你把他们的网站设计得"小气"。除了一部分题材特殊的网站外，委托方通常希望得到明亮、有深度、精致、有气势的网站。在这个基础上，还需表达出自己的特色。对比下列几组作品，从中感受他们之间的差异性。

　　1. 背景色彩：白色背景与黑色背景

　　2. 搭配色彩：色彩刺激强烈（多色相搭配、互补色相搭配、暖色）与色彩单一（两种以内色相的搭配、相近色相搭配、冷色）

　　3. 结构：顶天顶地型与国字型；规则的与不规则的

4. 风格：简洁与繁琐

5. 信息：信息丰富、整齐的网站与信息不足、留白多的网站

6. 字体：正体与花体的对比

其实想要设计出"大气"的感觉，首先需要了解怎样才是我们视觉概念中的"大气"。我们可以根据上述"对比"得到一些线索。

1. 背景色明亮更大气。网页使用白色为背景色会使页面显得明亮而开阔，进而让我们感觉到画面的大气。

2. 色彩条理清晰更大气。色彩简洁、偏冷色系更显得大气，杂乱的色彩组合或者浓郁的颜色会使大气变得不明显。

3. 排版舒展更大气。在页面排版设计上，我们还会注意到，局限在一个框子内会显得拘谨，顶天顶地型的格局排版更加有气魄。

4. 规则的设计更大气。规则的设计显得理智而大气，不规则设计会因个性过于鲜明而显得小众。简洁的风格永远给人留下如"大将风范"般的气势与气魄，过于复杂和繁琐的设计只能突出独特性而导致气势减弱。

5. 内容丰富更大气。信息多而丰富，可提高信任度；缺乏信息内容则显得准备不够充分。

6. 印刷体更大气。宋体、黑体虽为最普通的字体，却能留下良好的印象。花体有个性却使画面浮躁，失去了严谨的风范。

如果能使作品包含以上特征，是不是就会更加"大气"呢？，理论上是的，但是也需要具体案例具体分析，并且需要和委托者探讨对方心目中"大气"的定义，考虑素材资料是否足够撑得起"大气"的气氛等。细节可以根据每个案例的需求不同做相应调整，使作品即包含大气的特质，又能够具有独特的风格。

本节不再做更多的论证了，实际上以上六点并不能包括一切创作的内容，这里提供的仅仅是一种工作思路。以后再遇到任何主题，都可以通过比较的工作方法，寻找灵感的线索，慢慢导出成品。

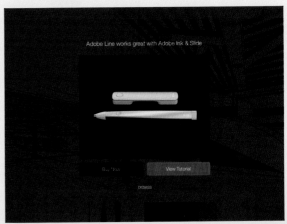
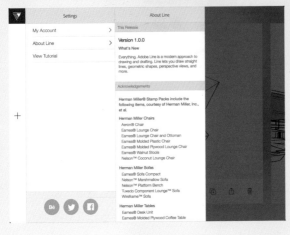
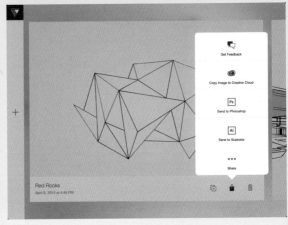

Adobe Line iPad应用

www.regent-college.edu
即大气又特色的大学网站。

细节在哪里?

有个朋友在一家小型的网络公司任职技术主管,当他听闻笔者的工作情况后,便拿了公司未完成的网站作品前来咨询,希望笔者能够就作品的视觉创作方面给予建设性意见。

看到作品后,笔者提了两个比较容易改善的建议。

一是,当标志过于复杂时(色相多或图案复杂),尽量使标志放置在白色背景或单一色相无图案的背景中,使标志形象容易突出出来。如果标志处理得不端庄,将留下没有格调的感觉。二是,企(商)业网站导航字体尽量统一。如果选择不同的字体样式,差异性过大,难以使作品达到统一的视觉外观,这对网站整体风格也会产生严重的负面影响。

以上两点,对方很容易便理解了,但还不能满足,希望能指正所有的错误问题。于是笔者提了至关重要的第三点。

"从整体上看,网站谈不上风格一说,很大成分上是由于缺乏细节创作。这可能决定了作品要推翻重作,因为要修改的地方实在太多了。"于是,对方非常焦急地问:"细节在哪里?!"

且不说这位设计者是网页设计的行外人,自从接触教学以来,笔者遇到过多次类似的事情,为数不少的人会要求你一定要指出具体修改什么地方(类似前两条的方式)。不仅如此,不少初学者和一部分在职的设计者,常常对自己的作品不满意,却又不知应该如何改进,更别提创作出独特风格的作品了。

细节在哪里呢?细节创作与网站整体效果究竟有何关系?独特的风格又是如何形成的?以Naturalhighalpine.com网站为例,观察设计师为页面做出细节修饰,并判断这些修饰是否是可有可无的,分析它们到底起到了什么作用?

为了解说方便,我们把首页划分成几个部分。Naturalhighalpine整个网站的页面格局是不变的,所以每个页面都由A~H区组成。

A区. 数字、红色、红线。

导航是由栏目文字、细线、数字标注组成,数字虽小却用了红色字体,很显眼。数字完全可以删除,但这样做会使栏目文字上方略显空荡。设计师可以放弃"细线与文字"的形式,还可以使导航文字变大,但是较大的字体将失去灵巧和别致的感觉。如此一来,我们看到的仅仅是一个小巧的数字标注栏目的方式,却能影响到很多方面。

另外,选择红色的字体与标志图形是红色的有关系。在A区与B区的衔接位置上的红色粗线,增加了红色的面积。对整体网站的色彩平衡有着举足轻重的作用。

B区. 等高线、数字以及变更插图

Naturalhighalpine的插图非常精美。不同栏目插图不同，如03.Trips的子栏目比较多，每个子栏目页面都会更换新的插图。照片的选取与网站主题相关，非常吸引人，与此同时，插图的设计也相当精巧。照片上都会有隐隐略显的等高线图（Naturalhighalpine是关于攀登高海拔山峰的网站）、栏目相关的数字图案等。B区还被虚线划分成三部分，这是根据格局划分形成的，虚线使插图与框架的

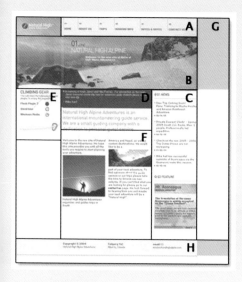

概念融合在一起，并且增加了一些修饰。

插图的位置显著，面积足够大，以致它的更换能够影响到整个页面的视觉效果。不断带来的新鲜感，确立了网站的整体风格，给人留下深刻的记忆和良好的形象特征。

假设，删掉插图里的等高线和数字背景，画面会缺少层次关系，失去一部分个性特征。在插图里保留太多变化也未必是好事情，很可能导致使画蛇添足的情况出现。

C区. 小图标、红色；按钮、鹅黄色

在首页，如果不仔细看，你可能会忽略了"01.NEWS"前面的小图标"❻"，而02.FEATURE有个和01不同的图标"✦"。新闻部分每条内容前面会有一个非常小的"✦"符号，它的长宽才有3像素。值得一提的是，日期的设计方式"▶ 02/16/05"很特别。不仅放在新闻内容的下方，同时选用了不同的字体，不同的颜色，还增加了装饰性和指示性作用的"▶"小箭头。

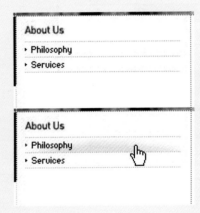

首页C区是新闻的位置，内页C区是子栏目导航的位置。在内页里，设计师为导航条的悬停动画设计了一个非常微妙的小变化。你能感受到鼠标悬停前后形成的立体感，同时会觉得它是那么的自然，毫不张扬。细小到在导航文字前面的小箭头"▶ Philosophy"，也从黑色变成了红色"▶ Philosophy"。

个别页面的C区没有内容。为了使页面左右两边的平衡关系不会因此失调，设计师让没有内容的C区铺满了鹅黄色，并放上一个颜色很淡的图标。

以上这些细节处理，你可以选择做还是不做。甚至浏览者在阅读内容的时候很可能对它们"视而不见"，它们太小、不受注目，很容易被忽略掉。然而确实是因为这些环节而使页面看起来精致了，并表现出与众不同的页面特点。

需要注意，红色的运用和标志色彩有关系。即便是很小的环节，相互间的呼应，也会对整体效果产生巨大的贡献。

D区. 黑色、图标、字体

这部分的黑色太重要了。其一，它处于整个页面的中心，起到了重心的作用。其二，易于雕刻网站的形象，也易于集中视线。

D区文字使用了三种字体，以区分三类信息的层次关系。标题上方有个小图标，增加了画面的细节变化。

还要注意到，整个页面上的绝大多数文字都较小而密集。黑色块下方的总结性文字采用稀疏的排版方式，这使整个页面上的文字之间产生了密集与稀疏的对比，对比关系使页面富有节奏感。

E区. 空间感、装饰环

E区像是一个便条本，是为了提高使用的便捷度而设置的。例如"本站可能使用的软件及下载链接"，"如何联系我们"，"相关信息及快速跳转链接"等。

设计师把它也设计成立体的，增加了画面的远近感。右下方的小铜环可增加情趣和个性化。

F区. 格局的变动、图文排版

主信息内容区主要是文字与图片的编排。如果想让重点信息尽快传达出去，可以多使用黑体标注。让图片夹在文字中间，可以制造起伏感，还可以使阅读变得更省力。

注意到除首页外，内页的F区与C区打通合并了，提示性内容可以编排在C区下方。格局的变动首先突出了设计上的灵活性，其次使阅读变得舒适了。主信息区太窄，阅读时会感到压抑。

G、H区．灰色

灰色预示着高雅。它与黑色一样，尽管使用不多，却对整个网站起到了至关重要的作用。灰色使网站看起来更加理智、专业，同时表现出高格调的气氛。H区的灰色使页面自然地收尾，制造一点点阴影，一切看起来井井有条。G区的灰色是为那些屏幕比较大的浏览者而细心准备的。如笔者的屏幕是1280*1024，笔者会看到大面积的灰色，但却不会感觉右侧是空荡荡的，铺垫一个色块就能起到这样的作用。

总体上说，Naturalhighalpine.com是一个富有细节的网站作品，相当优秀。去掉页面上所有细小的装饰设计，Naturalhighalpine可能会变得平庸无奇。因为从格局划分上看，它也只是一个简单的三分栏设计。

但在标志背景的处理与红色的使用上，我们可以感受到设计师想要力求创新和富含智慧的创作。多数人会选择在白色背景上书写黑色的标准字（标志里的文字），而Naturalhighalpine却选择了增加背景图片，在图片上书写白色标准字。多数人会采用标志图案的红色作为主色调，并大面积使用。而Naturalhighalpine巧妙地使红色布满了浏览者经常使用的细小环节处，并表现出了优秀的装饰特色。尽管红色面积不多，却让我们无法忽视它，并逐渐感受到了红色的指引。

想要创作出独特的风格，怎能离开细节设计？那是不是可以无限地增加小装饰呢？当然是否定的。创作在任何时候都要讲究"尺度"的概念，我们需要反复试验，反复

思考，是"增加好"还是"删除好"。所有位置都要进行无数次尝试和反复推敲，也许经过很长时间的摸索，最终决定删除，但我们依旧要在反复的过程中确定答案。没有尝试过，又怎么能证明下一次的尝试不是最佳设计方案呢？结合风格创作的构想，当细节都富含智慧时，整个网站也会显出与众不同来。只要能在细节处理上取得优势，一定可以成就网站。

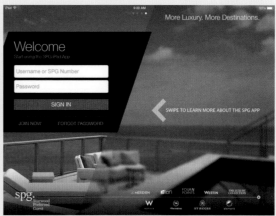

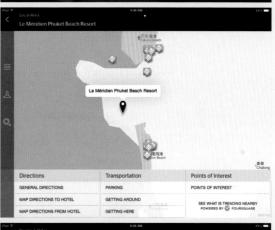
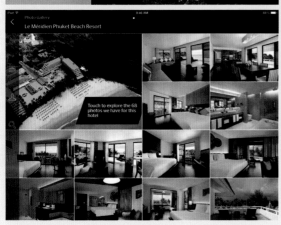
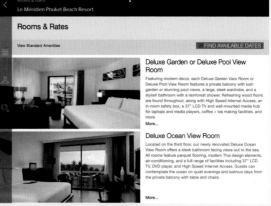

SPG: Starwood Hotels & Resorts

是对话，不是独白

不少委托方非常关注自己的网站如何营造行业气氛。设计人员也会在创作之初，参考同行业的其他网站。若秉持着错误的观点，那一定会闹笑话的。

笔者曾遇到几位类似这样的设计者：一手拿着参考的同行业网站，一手是自己设计的网站前来咨询笔者。委托方对他的作品不满意，他希望笔者能给予一些修改意见。先不说参考的网站是否真正优秀，既然能够被普通用户接受，说明它一定有其优点。也先不去讨论设计者所做成的网站是否美观，有趣的发现是：设计者吸取的竟然是参考网站的缺点。尽管设计者在细节处理上下了很多功夫，却不能掩盖他在主要问题上所犯下的概念错误。几个所参考的网站都具有明显的"大气"气质，而他"合成"的作品却显得十分拘谨。委托方说他的作品显得"小气"，他仍旧不明所以。

不明所以是因为他忽略了页面会说话。委托方不懂抽象语言，但他们往往很会抓住重点。如果只是把形式上的所谓漂亮不漂亮看得过重，成品未必能够得到委托方的赞扬。

这就是为什么多数被委托方挑选出来的网站，未必那么完美的原因。被当作参考的网站可能一点也不美观，但却抓住了委托方的神经线。如果你能够真正明白抓住委托方的到底是什么，就可以设计出既让委托方满意的又让自己满意的作品来。

说到这里，我们也来思考一下：行业到底代表什么呢？是要用一样的版式，还是一样的色彩来证明我们的网站属于什么行业么？拿红色来说，除了医院最好不用红色作为主色调外，其他多数行业网站都可以使用它。而格局的设定是根据信息量的大小决定的，也就是说，三分栏并不是大企业网站的

Nintendo.com

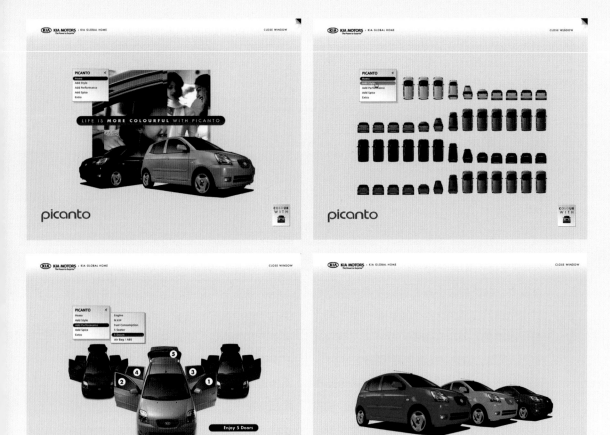

2005年的Kia-picanto.com

代名词。信息不足的情况下，冒然使用不符合符信息量的排版，再加上一个没有经验的设计者，可能导致页面有大量留白。巧妙的留白可以给人以高雅的感觉，粗糙的空白则会产生劣质的感觉。都是要"空"，但空得高明不高明，两者效果却是千里之远。

网页视觉创作是对话，不是独白。

页面上的每种元素都很重要，它们的存在都是有其目的性的，不能滥用。如果你不确信哪些是可有可无的元素、哪些是可烘托出情感色彩的、哪些是多余的，那么笔者建议你，把它们全部删掉，然后对比观察前后效果的不同。是感觉少了东西？还是没感觉？还是需要继续删减呢？

行业特征的对话，是文化的对话和感情的交流。

举例说来，如果一个游戏网站使用白色的背景色，这会给你一个什么样的印象呢？一如Nintendo.com，严谨、大气、可信，很官方的感觉。比较起大量采用黑色、深灰色、深蓝色背景色的游戏网站，有何不同？比较之后你会感觉，浓郁的颜色和掺杂其中的游戏图片素材，仿佛述说着一种"不自信"，唯恐浏览者不知道这里是游戏网站。要知道，这种直接告诉对方我们是做什么的方式，有好处也有坏处。其最大缺点就是重

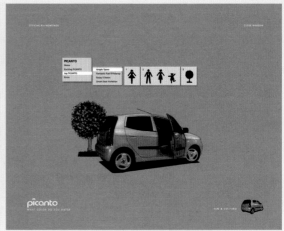

2003年的Kia-picanto.com

复性高、缺乏突破，也就是大家通常所指的"没特色"；而最大的优点则是一目了然，外行的委托方很容易接受，设计人员也乐于不必太辛苦，毕竟这是有套路可寻的。

既然是对话，就要把有别于其他网站的优点讲述出来。通过作品表达情感，这是可以做得到的。如"细节在哪里"一节中，Naturalhighalpine告诉我们如何将小元素延展成一种文化信息、一种情感。

特别要说明的是，目的性越强、信息越单一的网站，越容易成功，例如Kia-picanto.

com。新版的网站强烈地诉说着一件事：今年的Picanto Car增加了新的颜色，你可以拥有更多的选择！而前两年的橙色也给人留下深刻的印象，因为它的网站一直强调用画面告诉顾客，Picanto是您最佳的选择！页面没有多余的元素，一切看起来是那么恰到好处。

设计网页不仅仅是好看就可以了。把信息作为创作的基础，从目的出发，尝试用多种方式表达情感，让网页对浏览者说出正确的视觉语言，这才是设计师要做的事情。

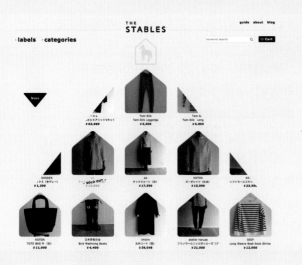

http://thestables.jp/
商品展示方式和它的品牌造型一致。很有特色。

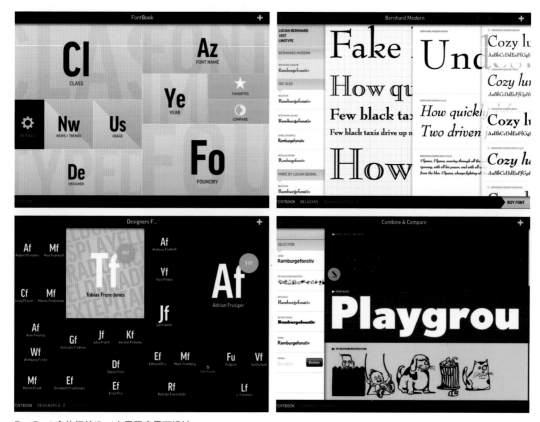

FontBook字体汇编iPad应用程序界面设计

7.7　思考与练习

思考题

1. 委托方常常要求网站设计得高端、大气、上档次。请根据你的理解，说明什么样的网站具备这样的特征。遇到网站类型完全雷同的情况下，如何依据信息不同的情况完成设计需求。

2. 有一些技巧可以使网站设计得更有特色，你能想到哪些方法可以在统一外观的作品中建立有特色的风格？

3. 收集上千个网页作品，为收集的网页作品做分析，待没有灵感的时候借鉴。